國家圖書館出版品預行編目資料

FLAG'S 創客‧自造者工作坊：手機遙控可編舞跳舞機器人 / 施威銘研究室 作. 臺北市：旗標, 2018. 01
面；　公分

ISBN 978-986-312-494-8 (平裝)

1. 微電腦　2. 電腦程式語言　3. 機器人

471.516　　　　　　　　　　　　106018778

作　　者／施威銘研究室

發 行 所／旗標科技股份有限公司

　　　　　台北市杭州南路一段15-1號19樓

電　　話／(02)2396-3257(代表號)

傳　　真／(02)2321-2545

劃撥帳號／1332727-9

帳　　戶／旗標科技股份有限公司

監　　督／楊中雄

執行企劃／黃昕暐

執行編輯／黃昕暐‧汪紹軒‧施雨亨

美術編輯／林美麗

封面設計／古鴻杰

校　　對／黃昕暐‧汪紹軒‧施雨亨

新台幣售價：199 元

西元 2018 年 1 月初版

行政院新聞局核准登記-局版台業字第 4512 號

ISBN 978-986-312-494-8

版權所有‧翻印必究

Contents

01 雙足機器人簡介

在近代的歷史中，設計出和人一樣的行動方式，甚至還能夠與人對談的機器人，一直是人類的夢想，這樣的機器人我們就稱之為『人形機器人』。

1-1 知名的人形機器人

全世界有許多科學家都在嘗試製作出人形機器人，其中不乏許多知名企業也都投入了大量的人力，像是日本的本田就製作出了一款名為 ASIMO 的機器人：

▲ http://world.honda.com/ASIMO/

這是一款以太空人為造型的機器人，可以像是人一樣利用雙足走路、跑步、上下樓梯，甚至還可以踢足球，它的雙手也很靈活，可以拿水杯、轉開背蓋等細膩動作，同時還搭配有影像辨識和聲紋辨識，可區別不同人，利用語音功能同時與多人對談，非常有趣。

▲ YouTube 展示影片
(https://goo.gl/E5GvD4)

1-2 簡易雙足機器人

像 ASIMO 這樣的人形機器人，需要控制由馬達構成的個別關節，由於人體關節數量多，整體設計相當複雜。如果不需要完全擬人化的細緻動作，就可以減少關節數量，透過巧妙的程式控制，一樣可以展現許多令人驚艷的動作。有一家 OTTODIY 就推出了開放設計的雙足機器人：

▲ https://www.ottodiy.com/

這個雙足機器人在設計上只有 4 個關節, 兩邊的髖關節可以讓雙腿水平旋轉, 而腳踝的關節可以讓腳掌上下旋轉, 雖然只是簡單的構造, 但卻可以變化出多種動作, 最有意思的是可以展現出許多 Q 軟柔美的舞步, 甚至模仿天王麥可傑克森的舞步也惟妙惟肖。

1-3 本套件的雙足跳舞機器人

由於 OTTODIY 將它的設計免費公開給大家使用, 因此我們就在此基礎上做了相當幅度的變化:

首先將原本採用的微電腦控制板由 Arduino Nano 改成 D1 mini 相容板, 讓機器人具備 Wi-Fi 無線網路傳輸的能力, 即可由手機或是任何可上網的裝置遙控。

▲ 手機遙控畫面

我們也在遙控頁面上加入了可自由編舞的功能, 想讓它怎麼跳只要滑幾下手機就可以辦到。

另外, 我們也將機器人的『身體』由 3D 列印件更改為手摺紙板, 方便每個人隨意變換造型, 或是在身體上恣意塗鴉, 甚至拿市面上販售的鋁箔包飲料空盒也行。

現在, 就讓我們一步步將 Q 彈有趣的跳舞機器人組裝起來, 讓它跳一曲熱情澎湃的舞吧!

02 組裝與測試

現在我們就來組裝跳舞機器人，組裝的過程有些小地方要注意，跳起舞來才不會歪歪扭扭的。

▲ 組裝過程教學影片
https://goo.gl/mtmNW2

2-1 零件盤點

盤點零件是個好習慣，既可確認零件是否短缺，又可以認識這些零件的名稱，組裝過程才能更有效率。

1 機器人 3D 列印件 1 組 (顏色隨機出貨, 本例為紅色)

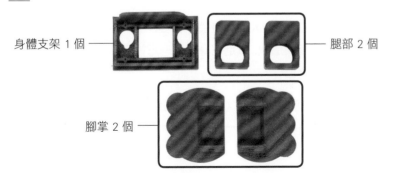

身體支架 1 個

腿部 2 個

腳掌 2 個

2 D1 mini 相容控制板 1 片

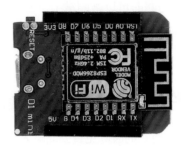

3 2 路擴展板 1 片

4 伺服馬達 4 組 (以下為單一組內容)

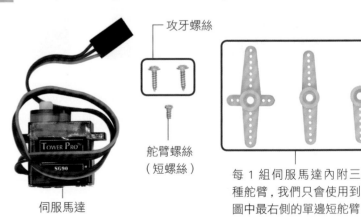

攻牙螺絲

舵臂螺絲
（短螺絲）

伺服馬達

每 1 組伺服馬達內附三種舵臂，我們只會使用到圖中最右側的單邊短舵臂

5 10 cm 公母杜邦端子線一組

▶ 本套件僅會使用 14 條, 其餘備用, 每種顏色功能相同, 可任意選用

6 AAA 4 號電池盒

7 M2 螺絲螺帽組 2 組

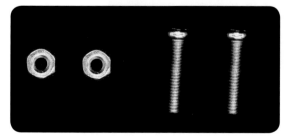

▲ 本套件會使用 1 組, 另 1 組備用

8 排針 4 根

9 micro USB 傳輸線

10 魔鬼氈束帶 1 條

11 上蓋外觀紙板 2 張

您要自備的部分

本套件需要自備的有十字螺絲起子、4 號電池 4 顆及雙面膠。這些是家裡平常可能有、即使沒有也很容易取得的工具：

要用小支的螺絲起子，才能鎖套件用的 M2 螺絲

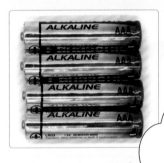

AAA（慣稱 4 號）電池 4 顆，建議使用 Alkaline 強力鹼性、或鎳氫充電式等可提供大電流電池

▲ 雙面膠（白膠或膠水也可，建議使用雙面膠可以省去等待膠水乾的時間）

2-2 組裝機器人

接著我們就可以開始來組裝跳舞機器人了。

組裝基本電路

在正式開始組裝機器人的雙腳前，必須先行組裝電路讓伺服馬達的齒輪位置歸零，跳舞機器人才能依照指定的角度做出預期動作。

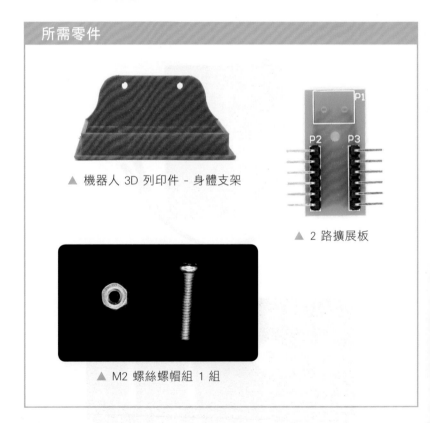

所需零件

▲ 機器人 3D 列印件 - 身體支架

▲ 2 路擴展板

▲ M2 螺絲螺帽組 1 組

1 固定 2 路擴展板，以便連接電路供電給控制板及伺服馬達：

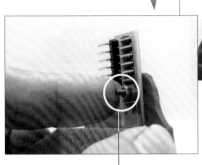

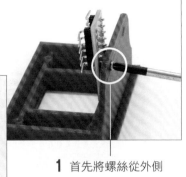

1 首先將螺絲從外側穿過 2 路擴展板

2 再用螺帽將其固定，使用螺絲起子轉動時，需用手指將螺帽固定不動方能鎖緊螺絲

▲ 完成圖

2 接上杜邦端子線

所需零件

◀ 公母杜邦端子線

1 將杜邦端子線如圖撕開分為 2、4、4、6、4 條

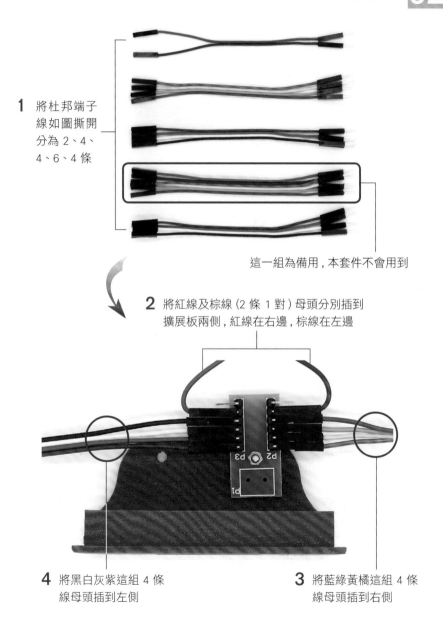

這一組為備用，本套件不會用到

2 將紅線及棕線（2 條 1 對）母頭分別插到擴展板兩側，紅線在右邊，棕線在左邊

4 將黑白灰紫這組 4 條線母頭插到左側

3 將藍綠黃橘這組 4 條線母頭插到右側

7

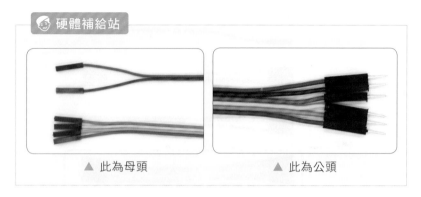

▲ 此為母頭   ▲ 此為公頭

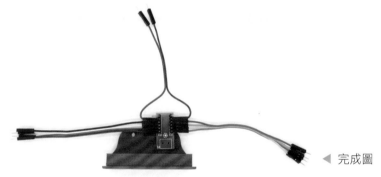

◀ 完成圖

3 連接控制板

所需零件

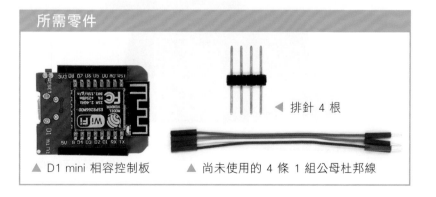

▲ D1 mini 相容控制板

▲ 排針 4 根

▲ 尚未使用的 4 條 1 組公母杜邦線

1 將 4 根排針插到控制板 D1 至 D4 位置

▲ 控制板上視圖   ▲ 控制板側視圖

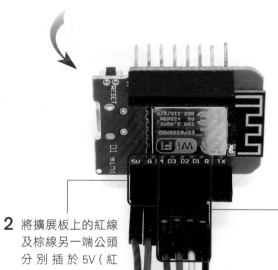

2 將擴展板上的紅線及棕線另一端公頭分別插於 5V（紅線）、G（棕線）

3 拿出尚未使用的黑白灰紫 4 條線母頭依序插至 D1、D2、D3 及 D4

歸零馬達

　　接下來我們要將馬達通電, 讓控制板將馬達齒輪歸零, 之後要小心不要轉動到馬達的齒輪, 避免角度偏移喔!

1 接上馬達

 順序不用區分, 這裡只是要將 4 顆馬達的齒輪角度歸零。

所需零件

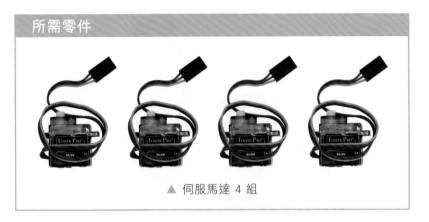

▲ 伺服馬達 4 組

1 將**控制板**上 D1 至 D4 灰白黑紫 4 條杜邦線的公頭分別接到 4 顆**伺服馬達**接頭的**橘線**位置

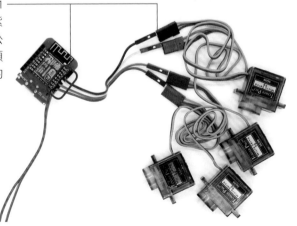

2 將**擴展板**上右邊藍綠黃橘 (與紅線同一邊) 的 4 條杜邦線公頭分別接到 4 顆**伺服馬達**接頭中間的**紅線**位置, 順序不用區分

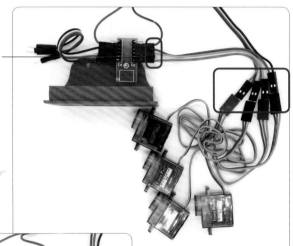

3 將**擴展板**上左邊黑白灰紫 (與棕線同一邊) 的 4 條杜邦線公頭分別接到 4 顆**伺服馬達**接頭的**棕線**位置, 順序不用區分

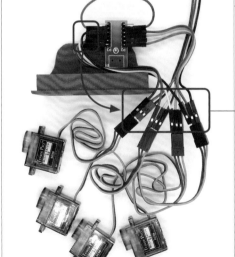

▲ 完成圖

2 接上電池盒：

所需零件

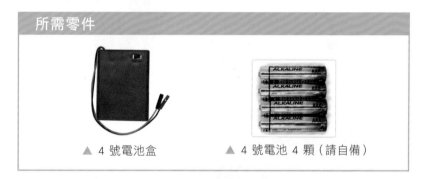

▲ 4 號電池盒　　　　　▲ 4 號電池 4 顆（請自備）

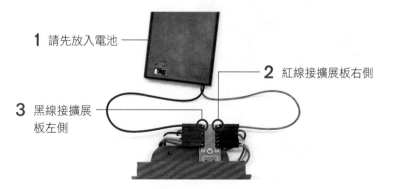

1 請先放入電池

2 紅線接擴展板右側

3 黑線接擴展板左側

 往下一步驟前請特別注意，電池盒紅、黑線不要接反，否則會毀損控制板與馬達。

3 開啟電源讓馬達歸零：

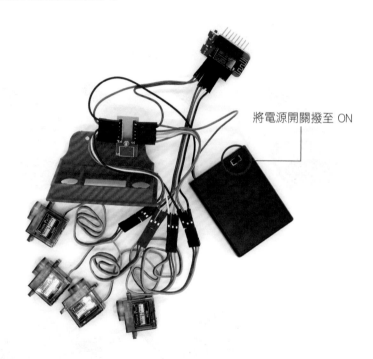

將電源開關撥至 ON

 開啟電源時會聽到馬達瞬間轉動聲，控制板上預先燒錄的程式會讓馬達歸零，接著就可以關閉電源開關了。

4 關閉電源之後，請將馬達與電池盒接線移除，待會組裝完成再將線路接回：

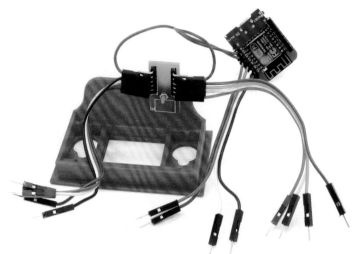

▲ 移除馬達後留下這些部分繼續進行後面的組裝

組裝機器人腿部

　　完成歸零後要注意不要去轉動馬達上的齒輪,否則就要再依照之前的線路接回並歸零馬達後,才能繼續組裝。

1 安裝左右腿馬達:

所需零件

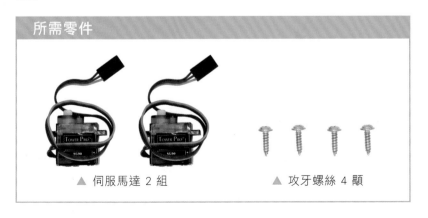

▲ 伺服馬達 2 組　　　　▲ 攻牙螺絲 4 顆

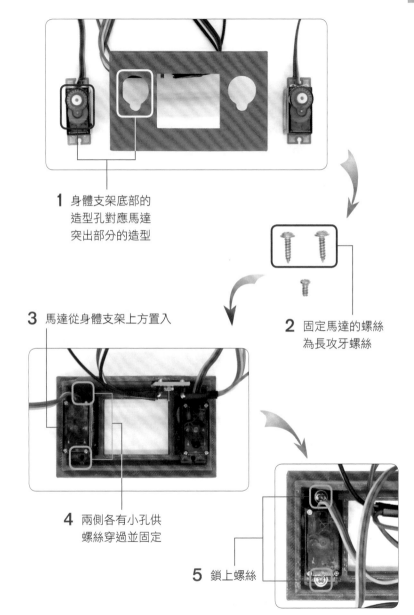

1 身體支架底部的造型孔對應馬達突出部分的造型

2 固定馬達的螺絲為長攻牙螺絲

3 馬達從身體支架上方置入

4 兩側各有小孔供螺絲穿過並固定

5 鎖上螺絲

2 組裝腿部件

所需零件

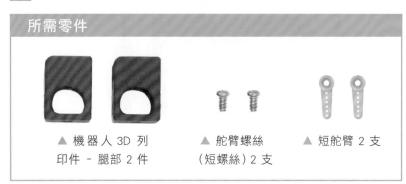

▲ 機器人 3D 列
印件 – 腿部 2 件

▲ 舵臂螺絲
（短螺絲）2 支

▲ 短舵臂 2 支

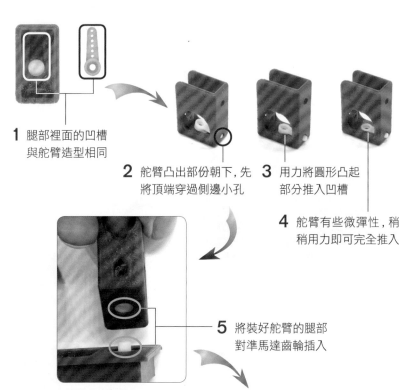

1 腿部裡面的凹槽
與舵臂造型相同

2 舵臂凸出部份朝下,先
將頂端穿過側邊小孔

3 用力將圓形凸起
部分推入凹槽

4 舵臂有些微彈性,稍
稍用力即可完全推入

5 將裝好舵臂的腿部
對準馬達齒輪插入

6 請用手指抵住舵臂以
防齒輪將舵臂頂出,特
別注意在插入的過程
不要轉動到齒輪

注意舵臂方向

7 完成後將另一隻
腿也裝上,請務
必再次確認方向

8 將舵臂螺絲鎖入舵
臂圓形中央的孔

9 接著將另一邊
的螺絲也鎖上

將舵臂螺絲鎖上後, 腿部就可以任意轉動了。馬達歸零的用意就是確保馬達齒輪的起始位置與相連接的部件起始位置一致, 所以一旦套上並鎖上螺絲後就可以任意轉動了。

組裝機器人腳掌

1 置入腳掌馬達:

所需零件

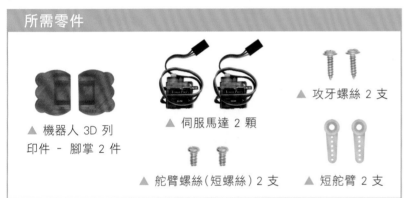

▲ 機器人 3D 列印件 - 腳掌 2 件

▲ 伺服馬達 2 顆

▲ 攻牙螺絲 2 支

▲ 舵臂螺絲(短螺絲) 2 支　　▲ 短舵臂 2 支

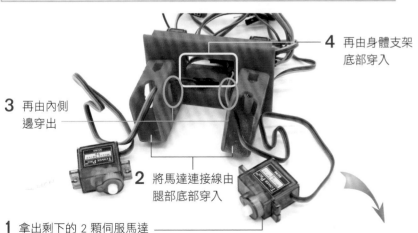

4 再由身體支架底部穿入

3 再由內側邊穿出

2 將馬達連接線由腿部底部穿入

1 拿出剩下的 2 顆伺服馬達

6 分別將馬達置入腿部空間, 腿件的開孔造型與伺服馬達造型匹配

5 連接線整平後折到馬達背面

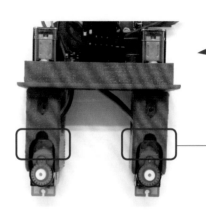

7 注意**先不要將馬達推到底**, 待腳掌扣上之後再一併推入

2 接著我們要扣上機器人腳掌:

 腳掌**有分左右**, 如果腳尖向下時, 有孔的那側跟齒輪不同側表示拿錯邊腳掌了。

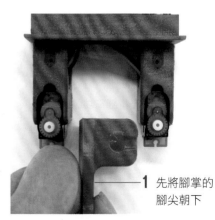

1 先將腳掌的腳尖朝下

2 再將腳掌有孔的那側斜斜地穿過馬達齒輪

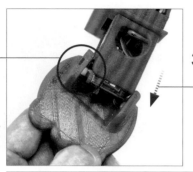

3 腳掌如果不能輕易扣上，可以再將馬達往外拉出

4 稍稍用力將馬達與腳掌一併往身體方向推入，直到馬達圓弧造型和腿部吻合

 推入時注意馬達連接線必須收在腿部內，可以一邊推入，一邊拉著線的一端。

注意馬達連接線轉折處不可以超出腿部，避免在跳舞時干擾腳掌轉動

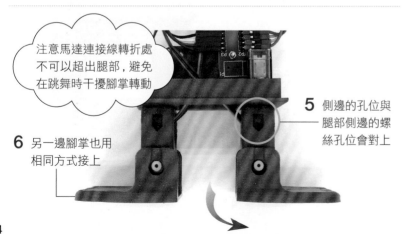

6 另一邊腳掌也用相同方式接上

5 側邊的孔位與腿部側邊的螺絲孔位會對上

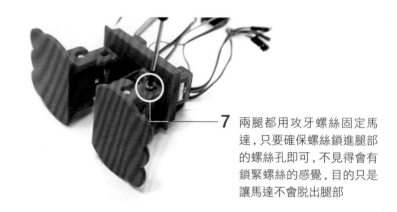

7 兩腿都用攻牙螺絲固定馬達，只要確保螺絲鎖進腿部的螺絲孔即可，不見得會有鎖緊螺絲的感覺，目的只是讓馬達不會脫出腿部

3 套上短舵臂：

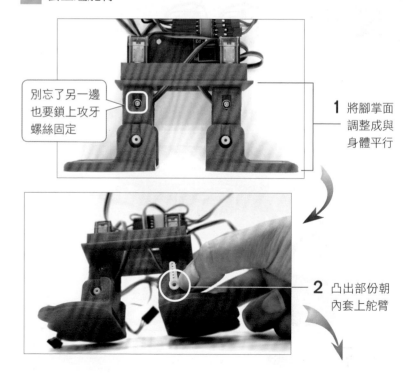

別忘了另一邊也要鎖上攻牙螺絲固定

1 將腳掌面調整成與身體平行

2 凸出部份朝內套上舵臂

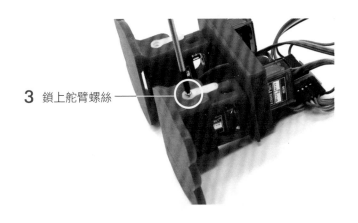

3 鎖上舵臂螺絲 ——

 套入時記得腳掌面與身體必須平行, 且在鎖上舵臂螺絲之前, 不要任意轉動馬達齒輪。

依照相同方式組合另一邊的腳掌, 完成後就要進行最後插線的部分了。

您的機器人已經可以穩穩地站在桌面上了

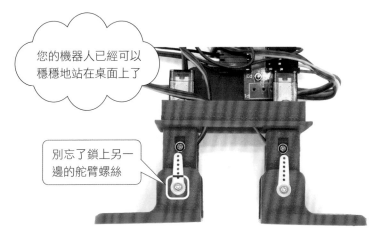

別忘了鎖上另一邊的舵臂螺絲

4 接上馬達線路

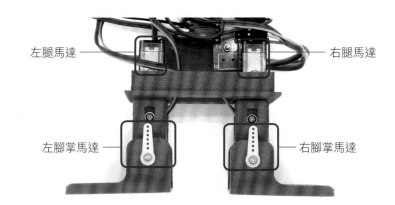

左腿馬達 —— 　　右腿馬達

左腳掌馬達 —— 　　右腳掌馬達

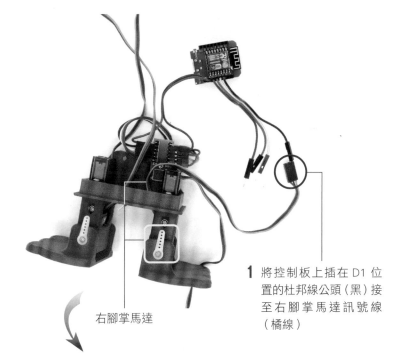

右腳掌馬達

1 將控制板上插在 D1 位置的杜邦線公頭 (黑) 接至右腳掌馬達訊號線 (橘線)

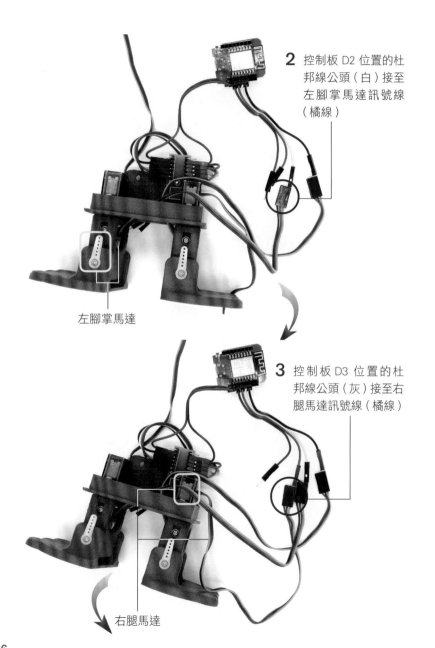

2 控制板 D2 位置的杜邦線公頭（白）接至左腳掌馬達訊號線（橘線）

左腳掌馬達

3 控制板 D3 位置的杜邦線公頭（灰）接至右腿馬達訊號線（橘線）

右腿馬達

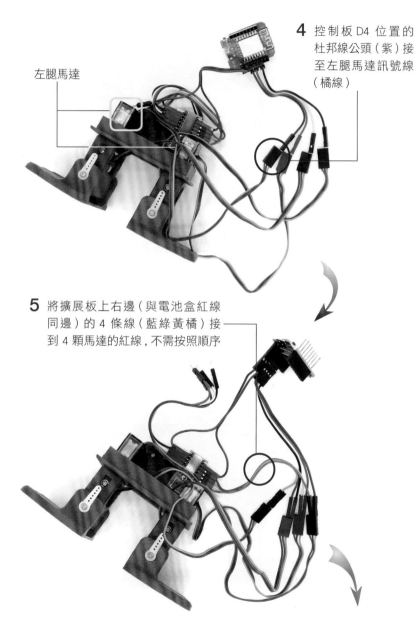

左腿馬達

4 控制板 D4 位置的杜邦線公頭（紫）接至左腿馬達訊號線（橘線）

5 將擴展板上右邊（與電池盒紅線同邊）的 4 條線（藍綠黃橘）接到 4 顆馬達的紅線，不需按照順序

6 將擴展板上左邊（與電池盒黑線同邊）的 4 條線（黑白灰紫）接到 4 顆馬達的棕線，不需按照順序

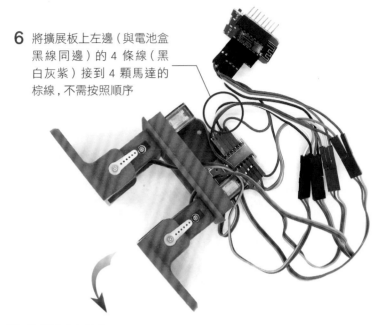

7 將電池盒紅線與黑線接到擴展板

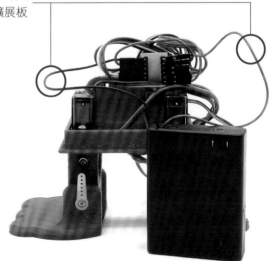

整理線路與機器人外表

好不容易把機器人內裝組好了，但是凌亂線路的狀態下是無法把機器人的衣服穿上的，接著我們就來把這些惱人的線路整理漂亮吧。

1 整理線路：

所需零件

▲ 魔鬼氈束帶

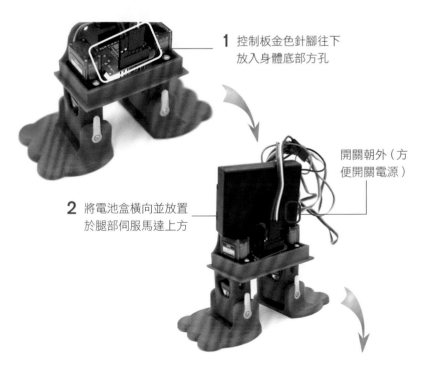

1 控制板金色針腳往下放入身體底部方孔

2 將電池盒橫向並放置於腿部伺服馬達上方

開關朝外（方便開關電源）

3 將線路收齊並折成不超過身體寬度

4 利用魔鬼氈束帶將線材與電池盒捆起。捆魔鬼氈帶時,記得避開電池盒開關位置

折線是為了待會蓋上上蓋時不會被線材阻礙,沒有特別折法。

這時機器人已經是可以跳舞的狀態了,但還需要為它穿上衣服才能完全展現它迷人的樣子,接下來就一起來為它做件衣服吧!

2 機器人的新衣:

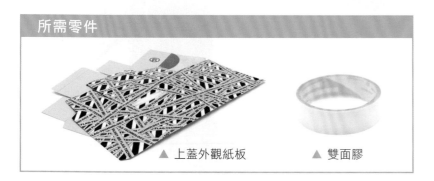

所需零件

▲ 上蓋外觀紙板　　▲ 雙面膠

您可以挑一張喜歡的外觀紙板來進行黏貼使用,依照紙板的折痕折成盒狀,再將雙面膠貼於梯形的地方,最後黏貼而成。

1 黏貼雙面膠的位置

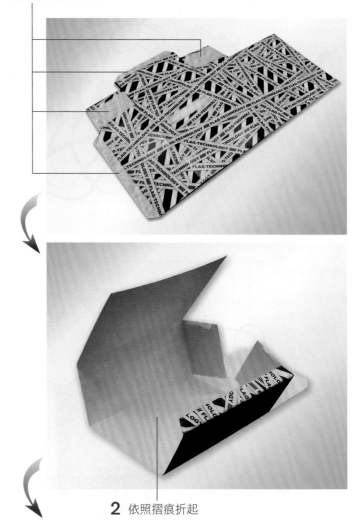

2 依照摺痕折起

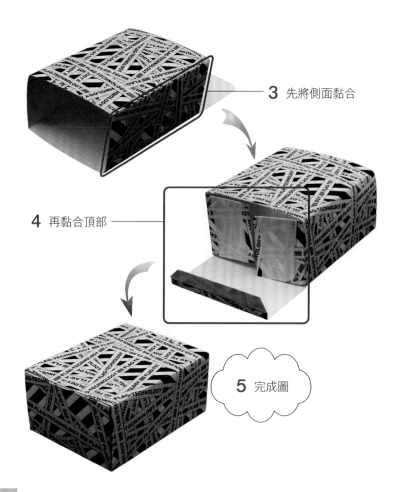

3 先將側面黏合

4 再黏合頂部

5 完成圖

3 等不及要為機器人穿上新衣服了。

 軟體補給站

跳舞機器人的外衣尺寸其實跟市售 375ml 鋁箔包飲料的大小是相容的, 若是想為機器人穿上咖啡或是奶茶的外衣, 只需要將指定容量的鋁箔包底部割開就可以穿到機器人身上喔!

2-3 快速測試與編舞

辛苦組裝完之後, 讓我們來看看機器人是不是會跳出酷炫的舞步呢?馬上來測試。

開啟電源

1 首先開啟電源讓機器人運作:

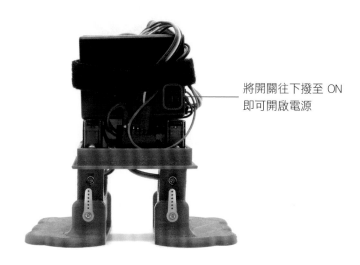

將開關往下撥至 ON 即可開啟電源

開啟電源後, 機器人會自然站立, 等候命令。

> 如果電源一打開, 機器人雙腿及雙掌就突然偏轉至奇怪的角度, 表示上一節組裝時, 沒有正確做好馬達歸零的步驟。角度偏差不大時, 可以參考 2-3 節的說明調校; 但如果角度偏差太大, 雙腳會重度扭曲糾纏, 嚴重影響機器人的動作時, 就必須考慮拆開重新歸零後再組裝。

2 蓋上上蓋：

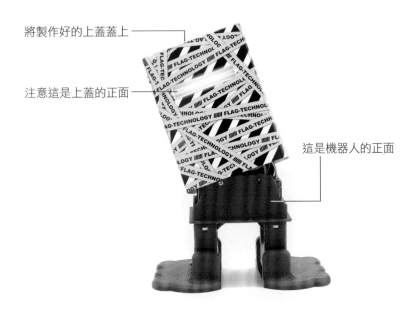

將製作好的上蓋蓋上

注意這是上蓋的正面

這是機器人的正面

手機連網快速遙控

　　雙足機器人啟動後會先建立專屬的無線網路, 並在此網路中運行可接受遙控指令的網站, 手機或筆電等具備無線網路能力的裝置可以連接上此無線網路後, 再開啟瀏覽器連上遙控網站, 即可操控跳舞機器人。以下我們就以 Android 手機示範操作過程。

1 手機連上機器人專屬的無線網路：

1 "FLAG-XXXX" 就是機器人專屬的無線網路 (名稱尾端的 XXXX 每個機器人都不同, 可識別個別機器人)

2 點選後不需密碼即可連上

3 已連上專屬無線網路

2 開啟瀏覽器連上遙控網站：

1 開啟瀏覽器

2 在網址列輸入網站
位址 192.168.4.1

3 提供遙控功能的網頁

3 讓機器人跳出指定舞步：

1 點選舞步清單

2 從清單中挑選舞步
（本利為踮左腳尖）

3 按**測試舞步**即可讓機器人
依據選取舞步跳舞

4 您可重複步驟 3 測試其他舞步, 若要停止動作, 可在舞步清單
中挑選 **0.停止舞步**。

變更舞步節奏

　　機器人的舞步節奏也可以自由變更, 預設採用的是每分鐘 121 拍
的速度, 如果想讓動作變慢, 可以降低每分鐘拍數；反之想加快速度,
就可以增加每分鐘拍數。只要修改**設定區**內的數值, 即可變更拍數：

1 填入期望的每秒拍數
（此例改為 97 拍）

2 按**設定每分鐘拍數**

自訂編舞

　　除了讓機器人跳指定的單一種舞步外，您也可以任意組合舞步編舞，讓機器人跳出自己的創意。

如果您要搭配特定的樂曲，可以先依照該樂曲的節奏更改機器人跳舞的每分鐘拍數。

1 使用**編舞區**編舞：

1 往下捲到**編舞區**

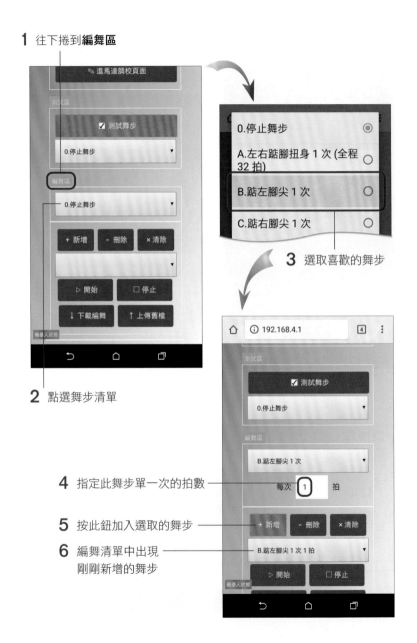

3 選取喜歡的舞步

2 點選舞步清單

4 指定此舞步單一次的拍數

5 按此鈕加入選取的舞步

6 編舞清單中出現
剛剛新增的舞步

2 新增其他舞步：

7 選取其他的舞步

8 有些舞步可以指定重複次數與單次拍數

9 按此鈕在編舞清單目前舞步後加入新舞步

10 按此鈕刪除編舞清單中目前選取的舞步

11 按此鈕刪除編舞清單中所有的舞步重新編舞

3 依照目前編舞內容跳舞：

1 按此鈕可讓機器人依目前編舞清單內容跳舞

2 按此鈕可停止跳舞（需等目前舞步結束）

儲存與分享您的編舞成果

辛苦編好的舞，如果電源關閉重開後都要重新編，就太累人了，還好我們可以將編舞結果儲存下來，不但可以重複使用，也可以把精心設計的成果分享給朋友。

1 儲存編舞內容：

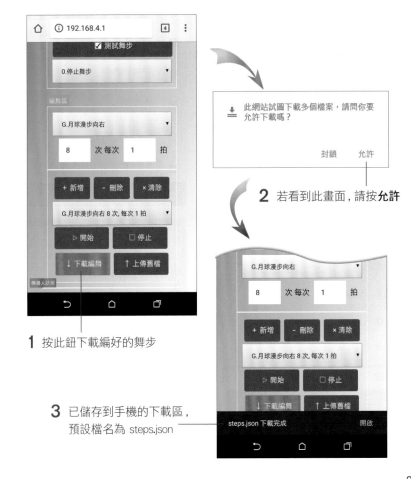

此網站試圖下載多個檔案，請問你要允許下載嗎？

封鎖　允許

2 若看到此畫面，請按**允許**

1 按此鈕下載編好的舞步

3 已儲存到手機的下載區，預設檔名為 steps.json

steps.json 下載完成　　開啟

23

2 如果以後想要套用剛剛儲存的舞步, 也很簡單:

1 按此鈕上傳剛剛儲存的檔案

2 點選**文件**

3 在**下載**資料夾可找到剛剛儲存的 steps.json 檔案

4 套用了儲存的編舞內容

如果使用 iPhone, 因為 iOS 作業系統的安全限制, 無法像是 Android 手機或是一般電腦將編舞內容儲存成檔案, 所以改採複製文字的方式:

1 按**下載編舞**

2 這裡是編舞內容

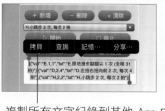

3 複製所有文字紀錄到其他 App 中

如果要套用剛剛的編舞內容, 可以先到記錄舞步文字的 App 中把文字複製到剪貼簿, 然後依序操作:

2 在文字輸入方塊中貼上複製的舞步內容

3 按**好**即可套用編舞內容

1 按**上傳舊檔**

2-4 馬達角度調整

如果測試時發現有些舞步機器人容易跌倒, 或是姿勢怪異, 甚至一開啟電源時機器人的站姿就不是很正確, 那就是在組裝時沒有確實讓馬達歸零, 或者是安裝時不小心動到了已經歸零的馬達轉軸, 這可以透過遙控介面中的設定頁面來校正。

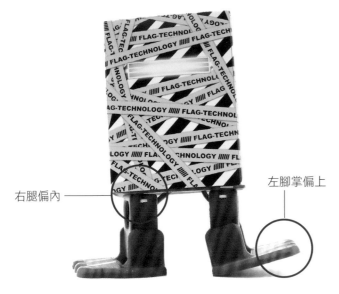

右腿偏內

左腳掌偏上

▲ 一開啟電源就呈現偏差角度

 如果偏差角度過大, 就要考慮拆開後重新組裝。

1 往上捲到**設定區**

2 按此鈕進入調校頁面

3 利用此區按鈕調整預設角度

4 按此鈕可以將調校值儲存在控制板上

5 按此鈕可以套用之前儲存在控制板上的調校值

個別調整按鈕的方向如下圖：

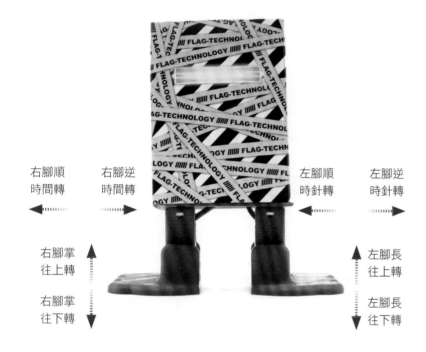

右腳順　　　右腳逆　　　　　　　左腳順　　　左腳逆
時間轉　　　時間轉　　　　　　　時針轉　　　時針轉

右腳掌　　　　　　　　　　　　　　　　　左腳長
往上轉　　　　　　　　　　　　　　　　　往上轉

右腳掌　　　　　　　　　　　　　　　　　左腳長
往下轉　　　　　　　　　　　　　　　　　往下轉

按下**儲存調校值**或是**套用儲存值**後都會自動回到遙控頁面，並以
調校後的角度運作。

Memo

26

03 用積木設計程式

```
Blink | Arduino 1.8.3                                    —  □  ×
檔案 編輯 草稿碼 工具 說明

Blink

// the setup function runs once when you press reset or power the board
void setup() {
  // initialize digital pin LED_BUILTIN as an output.
  pinMode(LED_BUILTIN, OUTPUT);
}

// the loop function runs over and over again forever
void loop() {
  digitalWrite(LED_BUILTIN, HIGH);    // turn the LED on (HIGH is the voltage level)
  delay(1000);                        // wait for a second
  digitalWrite(LED_BUILTIN, LOW);     // turn the LED off by making the voltage LOW
  delay(1000);                        // wait for a second
}
```

▲ 用來設計程式的 Arduino IDE

3-1 D1 mini 控制板簡介

認識單晶片和 Arduino

在創客文化中, 最重要的角色就是**微控制器** (Microcontroller, 以下簡稱 MCU), 它可以執行透過程式描述的運作流程, 並且可藉由輸出入 I/O 腳位控制外部的電子元件, 或是從外部電子元件獲取資訊。MCU 相當於將一部電腦所需的基本元件通通整合到單一顆 IC 晶片上, 所以有人稱之為**單晶片微電腦**, 或簡稱**單晶片**。將單晶片再加上供電電路以及 USB 傳輸介面等元件製作成方便使用的實驗板就稱為**單晶片控制板** (或單晶片開發板), 其中最知名的莫過於 Arduino。

通常提到 Arduino 開發平台時, 指的是包括 **Arduino 開發板** (硬體) 及 **Arduino IDE** (在電腦上供使用者撰寫程式的整合開發環境軟體), 若單提 Arduino 時, 有時是指整個軟硬體開發平台, 有時則單指硬體開發板或軟體的開發環境。

從 Arduino 到 ESP8266

如果說 Arduino 的出現幫助了創客界的成長, 那麼橫空出世的 ESP8266 則是為創客界帶來了新希望。由 Espressif 開發的 ESP8266 整合了 MCU 和 Wi-Fi, 本來只是作為 Arduino 這類開發板的連網延伸模組, 但是在低廉的價位下, ESP8266 不僅擁有比 Arduino 更快的執行速度, 記憶體也大得多, 因此就有像是 WeMos 這樣的廠商將 ESP8266 製作成可獨立運作的開發板, 本套件使用的就是與其 **D1 mini** 相容的控制板。

▲ D1 mini 控制板

另外, 網路上也有人開發出 **ESP8266 Arduino Core** 套件, 讓熟悉 Arduino 的自造者們能直接使用 Arduino 開發環境撰寫在 ESP8266 上執行的程式, 不需要再去學習新的開發工具。

3-2 降低入門門檻的 Flag's Block

雖然 Arduino 已經簡化了 MCU 開發流程, 但是本質上仍是採用 C/C++ 程式語言進行開發, 對於沒有學過 C/C++ 程式語言的人, 仍然具有不低的入門門檻。難道當創客一定要先學習 C/C++ 程式語言嗎?

為了降低學習 Arduino 開發的入門門檻, 旗標公司特別開發了一套圖像式的積木開發環境 - Flag's Block, 有別於傳統文字寫作的程式設計模式, Flag's Block 使用積木組合的方式來設計邏輯流程, 加上全中文的介面, 能大幅降低一般人對程式設計的恐懼感。

設計好的積木, 可自動轉換為 Arduino 程式碼, 以供您檢視, 或上傳到 Arduino 開發板中執行

按此鈕可開啟 (或關閉) 右側的程式碼窗格

▲ 可以輕鬆設計程式的 Flag's Block

透過 Flag's Block 這套容易上手的開發環境, 任何人只要有創意、有想法, 都可以學習當一個創客, 不必再因為學不會程式語言而卻步。

3-3 使用 Flag's Block 開發程式

安裝與設定 Flag's Block

請使用瀏覽器連線 http://www.flag.com.tw/download.asp?fm606a 下載 Flag's Block, 下載後請雙按該檔案, 如下進行安裝:

如果出現風險警告視窗, 請按**其他資訊**, 然後再按**仍要執行**鈕進行安裝

1 將資料夾修改為 "C:\"

2 按此鈕開始解壓縮安裝

安裝完畢後, 請執行『**開始/電腦**』命令, 切換到 "C:\FlagsBlock" 資料夾, 依照下面步驟開啟 Flag's Block 然後安裝驅動程式:

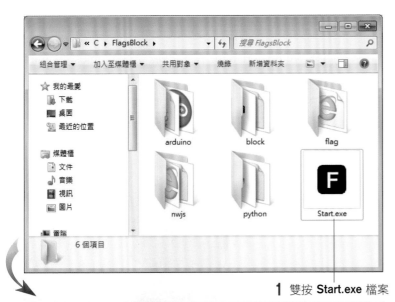

1 雙按 **Start.exe** 檔案

若出現 **Windows 安全性警訊**（防火牆）
的詢問交談窗, 請選取**允許存取**

2 由於要先安裝
USB 驅動程式,
請按取消鈕關
閉交談窗

若您之前已安裝過驅動程式,
可按**確定**鈕直接進行設定

3 按此鈕開啟選單

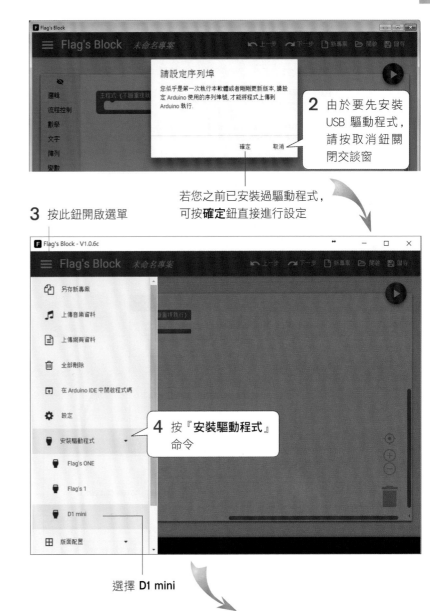

4 按『**安裝驅動程式**』
命令

選擇 **D1 mini**

5 請選**是**允許安裝

6 按此鈕進行安裝

安裝成功了！

連接 Wemos D1 mini

　　由於在開發 Wemos D1 mini 程式之前, 要將 Wemos D1 mini 開發板插上 USB 連接線, 所以請先將跳舞機器人的蓋子拿起, 稍微移開電池盒, 將 USB 連接線接上 D1 mini 控制板的 USB 孔, USB 線另一端則接上電腦：

　　接著在電腦左下角的開始圖示上按右鈕執行『**裝置管理員**』命令 (Windows 10 系統), 或執行『**開始/控制台/系統及安全性/系統/裝置管理員**』命令 (Windows 7 系統), 來開啟裝置管理員, 尋找 D1 mini 控制板使用的序列埠：

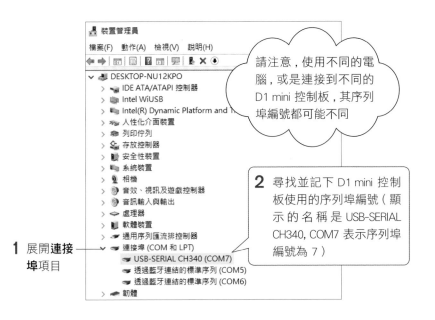

1 展開**連接埠**項目

請注意，使用不同的電腦，或是連接到不同的 D1 mini 控制板，其序列埠編號都可能不同

2 尋找並記下 D1 mini 控制板使用的序列埠編號（顯示的名稱是 USB-SERIAL CH340, COM7 表示序列埠編號為 7）

找到 D1 mini 板使用的序列埠後, 請如下設定 Flag's Block：

1 按此鈕開啟選單

2 執行『**設定**』命令

3 從下拉式選單選擇剛剛記下的序列埠編號

4 選擇 Wemos D1 mini

5 設定完畢後按此鈕返回

目前已經完成安裝與設定工作, 接下來我們就可以使用 Flag's Block 開發 D1 mini 程式。

3-4 機器人動作基本原理

本套件的跳舞機器人總共有 4 顆『**伺服馬達**』(Servo), 其可旋轉的角度都是 0~180 度。有別於一般只能控制旋轉方向 (正轉或反轉) 及旋轉速度的直流馬達, 伺服馬達能夠精準控制馬達的旋轉角度, 特別適用於需要定位的場合。

因此只要清楚機器人上各個馬達的角度方向, 就能運用這些馬達, 相互配合來達成各種動作。

以下是機器人各個馬達轉動的角度：

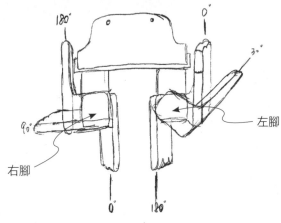

▲ 跳舞機器人的正面圖

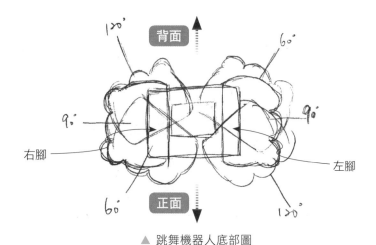

▲ 跳舞機器人底部圖

了解機器人馬達轉動的角度後, 我們便能開始控制機器人動起來了。

LAB 01 點左腳尖

實驗目的

　　學習控制機器人的動作, 我們將以機器人的左腳掌來練習, 控制馬達不斷交互轉到 70 度與 110 度, 讓機器人看起來就像在點左腳尖。

設計原理

D1 mini 輸出入腳位

　　為了能讀取外部送入的資料、感測資訊, 以及主動輸出以控制外部元件, MCU 都會有一些輸出入腳位。在 D1 mini 控制板上已將其 MCU 的輸出入腳位接到板子兩側的插座, 以一般常見的杜邦線、單芯線連接, 就等於連接到 MCU 的輸出入腳位。

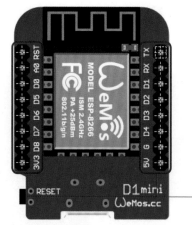

輸出入腳位旁邊都有標示編號

我們可藉由 D1 mini 上的腳位輸出來控制伺服馬達，由於在 Flag's Block 中已建好了跳舞機器人的積木，因此只要知道伺服馬達是由哪個腳位控制，即可輕鬆控制機器人的姿勢：

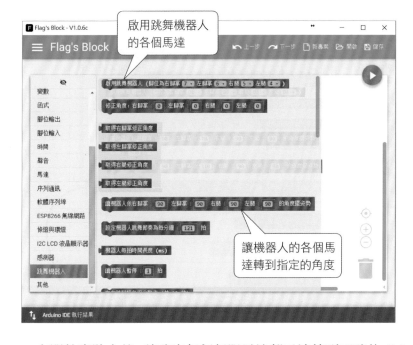

在開始實驗之前，請確定每個伺服馬達都已連接到正確的 D1 mini 腳位：

伺服馬達	連接 D1 mini 腳位
右腳掌	D1
左腳掌	D2
右腿	D3
左腿	D4

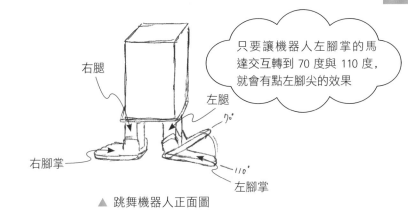

只要讓機器人左腳掌的馬達交互轉到 70 度與 110 度，就會有點左腳尖的效果

▲ 跳舞機器人正面圖

設計程式

請切換到 "C:\FlagsBlock" 資料夾，雙按 **Start.exe** 開啟 Flag's Block：

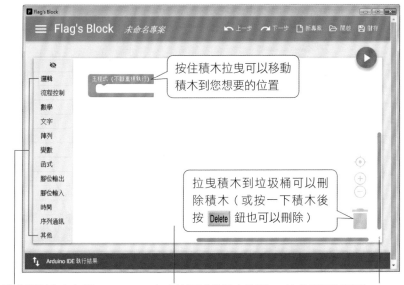

按住積木拉曳可以移動積木到您想要的位置

拉曳積木到垃圾桶可以刪除積木（或按一下積木後按 Delete 鈕也可以刪除）

這些類別內有各種 Arduino 程式設計相關積木

空白的區域是用來放置積木以便設計程式邏輯

按此鈕可以看到 Flag's Block 自動產生的 Arduino 程式碼

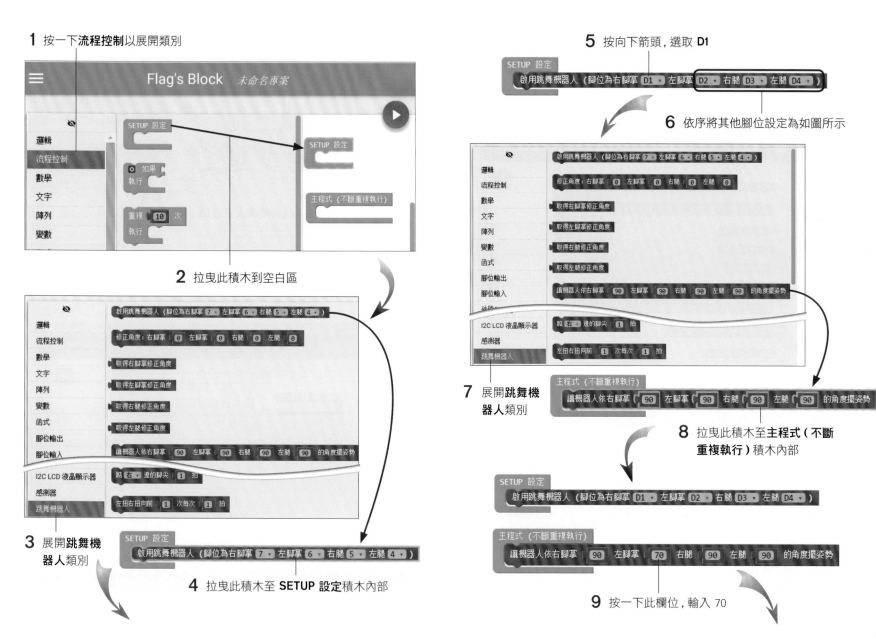

1 按一下**流程控制**以展開類別

2 拉曳此積木到空白區

3 展開**跳舞機器人**類別

4 拉曳此積木至 SETUP 設定積木內部

5 按向下箭頭，選取 **D1**

6 依序將其他腳位設定為如圖所示

7 展開**跳舞機器人**類別

8 拉曳此積木至**主程式（不斷重複執行）**積木內部

9 按一下此欄位，輸入 70

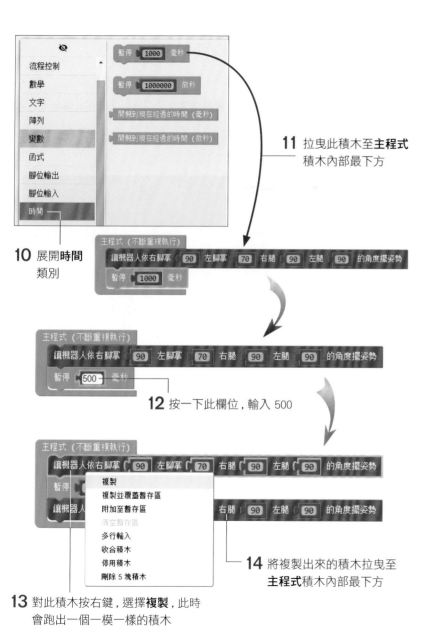

10 展開**時間**類別

11 拉曳此積木至**主程式**積木內部最下方

12 按一下此欄位,輸入 500

13 對此積木按右鍵,選擇**複製**,此時會跑出一個一模一樣的積木

14 將複製出來的積木拉曳至**主程式**積木內部最下方

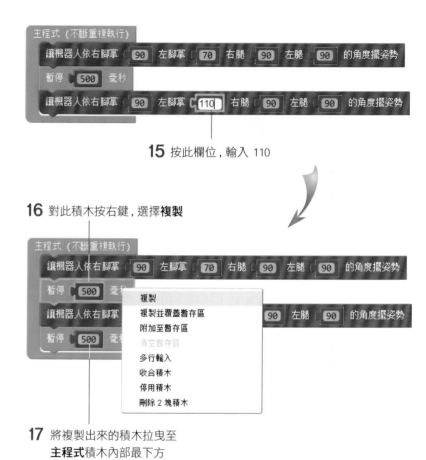

15 按此欄位,輸入 110

16 對此積木按右鍵,選擇**複製**

17 將複製出來的積木拉曳至**主程式**積木內部最下方

設計到此,就已經大功告成了,完整的架構如下:

35

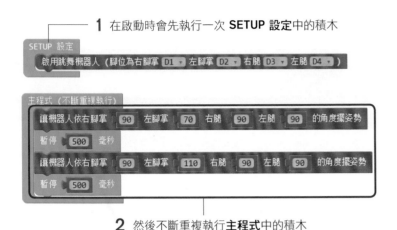

1 在啟動時會先執行一次 **SETUP** 設定中的積木

2 然後不斷重複執行**主程式**中的積木

在主程式 (不斷重複執行) 積木中的積木會不斷重複執行, 因此機器人左腳掌會先轉到 70 度然後暫停 0.5 秒, 接著轉到 110 度再暫停 0.5 秒, 然後轉回 70 度再暫停 0.5 秒....如此不斷重複執行:

儲存專案

程式設計完畢後, 請先儲存專案:

按**儲存**鈕即可儲存專案

😊 軟體補給站

如果看不到儲存鈕

如果因為畫面太窄看不到儲存鈕, 請開啟選單即可執行『儲存』命令:

1 按此鈕開啟選單

2 執行『儲存』命令

如果是新專案第一次儲存, 會出現交談窗讓您選擇想要儲存專案的資料夾及輸入檔名:

1 切換到想要儲存專案的資料夾

2 輸入專案名稱 (在儲存時會自動加上副檔名而成為 Lab01.xml)

3 按此鈕儲存

開啟已儲存的專案或範例專案

日後若您想要重新開啟之前儲存的專案, 請如下操作:

1 按**開啟**鈕

接下頁

---

2 切換到存放專案的資料夾

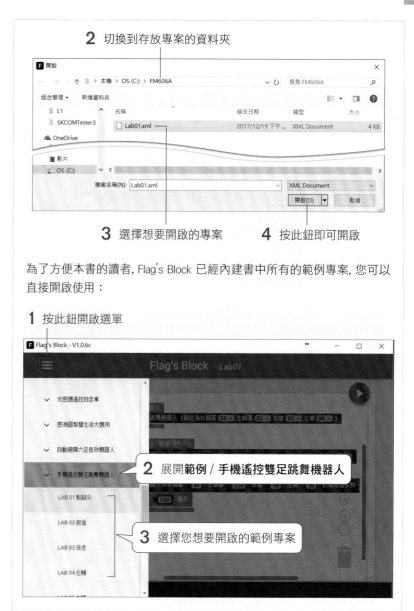

3 選擇想要開啟的專案　　**4** 按此鈕即可開啟

為了方便本書的讀者, Flag's Block 已經內建書中所有的範例專案, 您可以直接開啟使用:

1 按此鈕開啟選單

2 展開**範例** / **手機遙控雙足跳舞機器人**

3 選擇您想要開啟的範例專案

將程式上傳到 D1 mini 板

為了將程式上傳到 D1 mini 控制板執行，請先確認 D1 mini 控制板已經用 USB 線接至電腦，然後依照下面說明上傳程式：

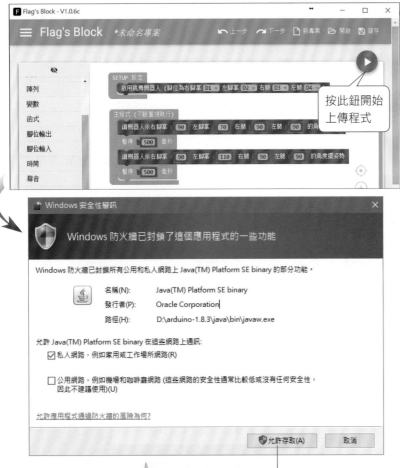

按此鈕開始上傳程式

如果出現 **Windows 安全性警訊**（防火牆）的詢問交談窗，請選取**允許存取**

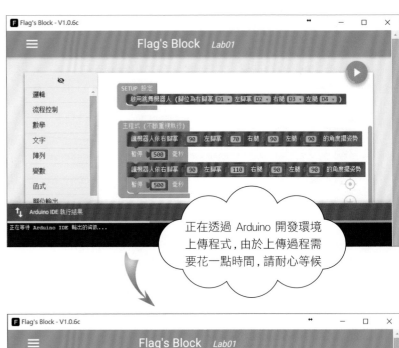

正在透過 Arduino 開發環境上傳程式，由於上傳過程需要花一點時間，請耐心等候

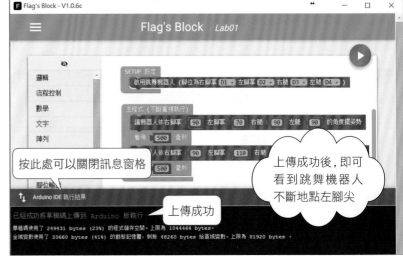

按此處可以關閉訊息窗格

上傳成功

上傳成功後，即可看到跳舞機器人不斷地點左腳尖

若您看到紅色的錯誤訊息, 請如下排除錯誤:

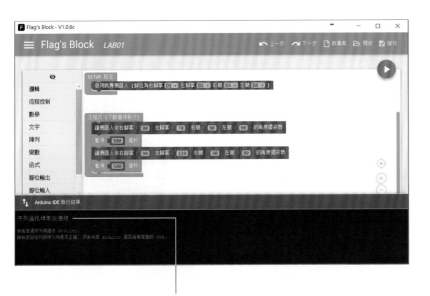

此訊息表示電腦腦無法與 D1 mini 連線溝通, 請將連接 D1 mini 的 USB 線拔除重插, 或依照前面的說明重新設定序列埠

軟體補給站

如果您有依照 2-3 節校正過馬達, 並將校正結果儲存在控制板上, 就可以在 **SETUP 設定**中啟用機器人的積木後加上**跳舞機器人/以儲存值設定機器人修正角度**積木:

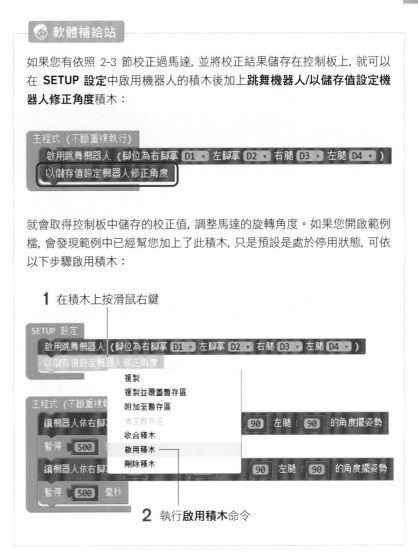

就會取得控制板中儲存的校正值, 調整馬達的旋轉角度。如果您開啟範例檔, 會發現範例中已經幫您加上了此積木, 只是預設是處於停用狀態, 可依以下步驟啟用積木:

1 在積木上按滑鼠右鍵

2 執行**啟用積木**命令

04 基本控制

這一章我們將要學習, 如何控制機器人各個馬達的角度, 讓機器人做一些基本的動作, 了解機器人運動的原理。

4-1 前進與後退

走路這個看似簡單的動作, 事實上是一件高度精密且複雜的行為, 當你踏出一步準備向前的時候, 你全身的肌肉都在為了下一步做準備, 不斷平衡, 不斷調整力道, 身為人類的我們早就習以為常, 然而對於機器人可就不是如此了, 模擬人類走路一直以來都還是機器人的一大難題。

雖然要讓機器人做到與人類完全一樣的走路方式很難, 但若只是達成相似的結果就相對簡單多了, 本套件就可以簡單的使用 4 個馬達協同運動, 做到宛如人類前進與後退的感覺, 首先我們就來讓機器人向前走。

LAB 02　讓機器人往前進

實驗目的

學習藉由控制 4 個馬達, 讓機器人前進。

設計原理

要讓機器人前進, 只要巧妙的運用 4 顆伺服馬達就能辦到, 以下就是機器人前進的分解步驟:

機器人的左邊　機器人的右邊

▲ 機器人一開始站立面對正前方

3 雙腿馬達轉回 90 度, 讓機器人左腳往前跨

1 雙腿馬達先朝同一方向旋轉, 為下一步做準備

2 左右腳掌馬達旋轉, 讓機器人踮起腳

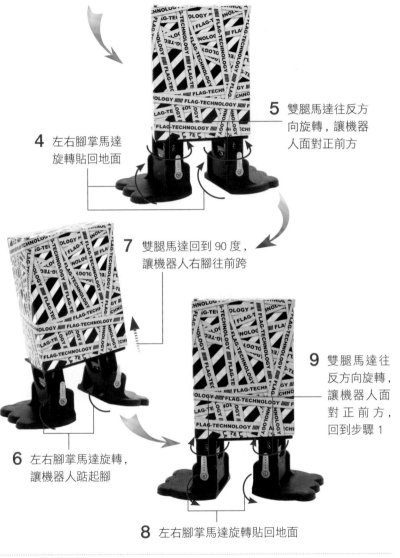

5 雙腿馬達往反方向旋轉，讓機器人面對正前方

4 左右腳掌馬達旋轉貼回地面

7 雙腿馬達回到 90 度，讓機器人右腳往前跨

9 雙腿馬達往反方向旋轉，讓機器人面對正前方，回到步驟 1

6 左右腳掌馬達旋轉，讓機器人踮起腳

8 左右腳掌馬達旋轉貼回地面

 只要重複上述的步驟就能讓機器人不停地向前走。

設計程式

請先啟動 Flag's Block 程式, 然後如下操作:

1 先加入 SETUP 設定積木, 並在其中加入啟用跳舞機器人的積木:

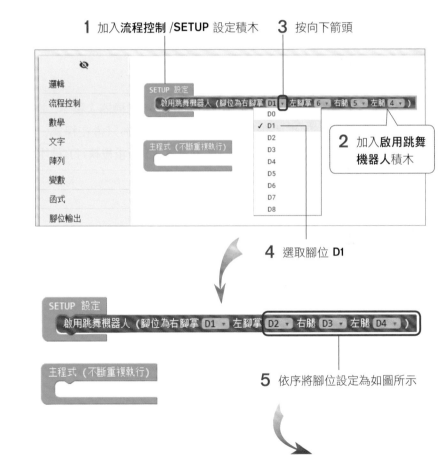

1 加入**流程控制** /SETUP 設定積木　　3 按向下箭頭

2 加入**啟用跳舞機器人積木**

4 選取腳位 **D1**

5 依序將腳位設定為如圖所示

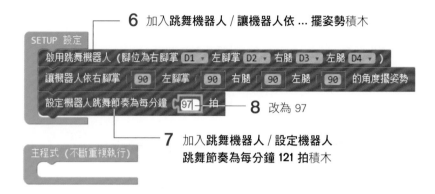

6 加入跳舞機器人／讓機器人依 ... 擺姿勢積木

SETUP 設定

啟用跳舞機器人 (腳位為右腳掌 [D1 ▾] 左腳掌 [D2 ▾] 右腿 [D3 ▾] 左腿 [D4 ▾])

讓機器人依右腳掌 [90] 左腳掌 [90] 右腿 [90] 左腿 [90] 的角度擺姿勢

設定機器人跳舞節奏為每分鐘 [97] 拍 —— **8** 改為 97

主程式 (不斷重複執行)

7 加入跳舞機器人／設定機器人
跳舞節奏為每分鐘 **121** 拍積木

2 目前已在 **SETUP 設定**積木中加入了啟用跳舞機器人積木, 並設定機器人每個馬達角度為 90 度, 這些積木只會在程式一開始時執行一次。接著我們要在**主程式 (不斷重複執行)** 積木中, 加入讓機器人前進的積木:

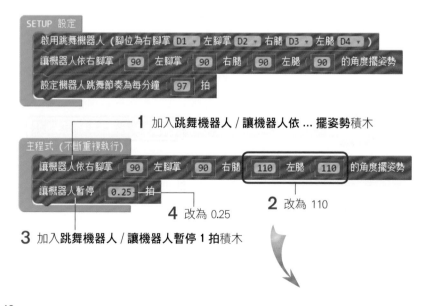

1 加入跳舞機器人／讓機器人依 ... 擺姿勢積木

4 改為 0.25

2 改為 110

3 加入跳舞機器人／讓機器人暫停 1 拍積木

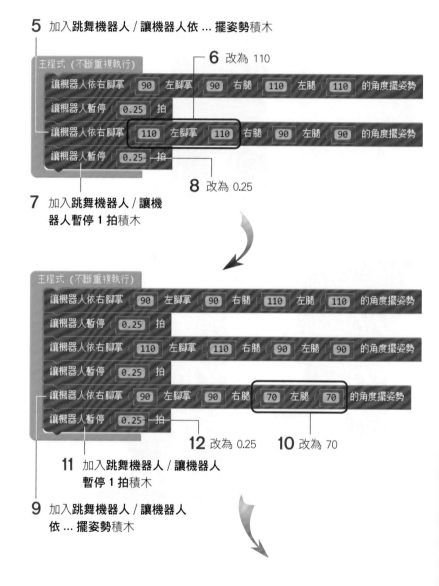

5 加入跳舞機器人／讓機器人依 ... 擺姿勢積木

6 改為 110

8 改為 0.25

7 加入跳舞機器人／讓機器人暫停 1 拍積木

12 改為 0.25　　**10** 改為 70

11 加入跳舞機器人／讓機器人暫停 1 拍積木

9 加入跳舞機器人／讓機器人依 ... 擺姿勢積木

13 加入**跳舞機器人 / 讓機器人依 ... 擺姿勢**積木

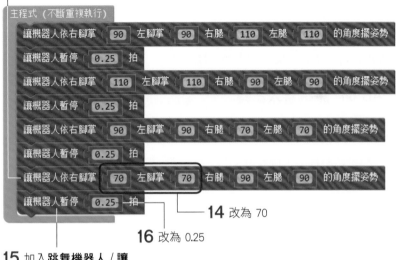

14 改為 70

16 改為 0.25

15 加入**跳舞機器人 / 讓
機器人暫停 1 拍**積木

3 在主程式(不斷重複執行)積木中的積木會不斷重複執行, 因此機器人每隔 0.25 拍就會換一個姿勢, 透過 4 個姿勢的變換, 就會有往前走的效果。

 我們設定每分鐘 97 拍, 代表每 60 秒 97 拍, 推算出 1 拍約是 60/97=0.62 秒, 所以 0.25 拍是 0.25*0.62=0.155 秒, 可以用這種推算方式來決定機器人要暫停多久。

4 完成後請按右上方的**儲存**鈕將專案儲存為 Lab02.xml 檔。

實測

按右上方的 鈕上傳成功後, 即可看到機器人不斷的往前走。

請注意!由於 4 個馬達同時運作會讓 D1 mini 的供電很吃緊, 導致電腦無法正常讀取到 D1 mini 控制板, 因此在接上電腦前, 請先將機器人電池盒上的開關打開, 讓程式能正常上傳。

LAB 03 讓機器人往後退

讓機器人往前走之後, 我們要讓機器人也能往後走。

實驗目的

學習控制機器人往後走。

設計原理

其實學會控制機器人前進以後, 再來控制機器人後退就簡單多了, 只要將上一個實驗中所有的姿勢積木顛倒過來就行了。

設計程式

請先啟動 Flag's Block 程式, 然後如下操作:

1 請先開啟上一個實驗所儲存的專案 Lab02.xml 來修改 (用修改的會比重建新專案要快):

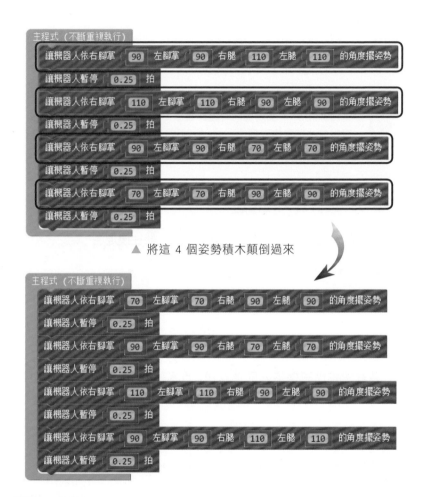

▲ 將這 4 個姿勢積木顛倒過來

2 完成後請按右上方的**儲存**鈕存檔為 Lab03.xml 檔。

實測

按右上方的 ▶ 鈕上傳成功後, 只要看到機器人開始往後走就代表實驗成功了。

人類除了前後行走外, 還要會左右轉, 這樣一來遇到障礙物才有辦法避開, 而機器人也不例外, 因此我們現在就要來學習讓機器人具備左右轉的功能, 讓它也能如同人類一樣靈活。

LAB 04 讓機器人左轉

實驗目的

學習控制機器人向左轉。

設計原理

其實要讓機器人向左轉的作法與向前走很類似, 只要向前走的時候固定住左腳, 只讓右腳前進即可, 這樣一來機器人就會在原地左轉, 以下是左轉的姿勢分解步驟:

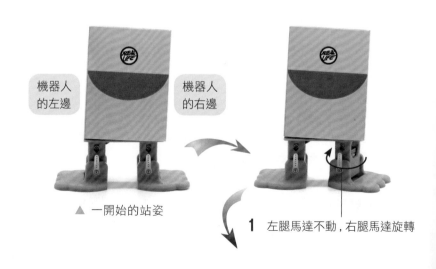

▲ 一開始的站姿

1 左腿馬達不動, 右腿馬達旋轉

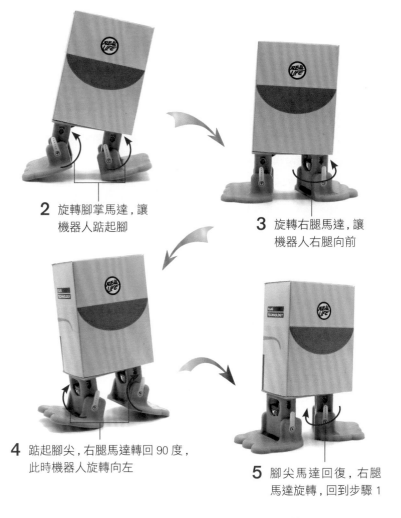

2 旋轉腳掌馬達,讓機器人踮起腳

3 旋轉右腿馬達,讓機器人右腿向前

4 踮起腳尖,右腿馬達轉回 90 度,此時機器人旋轉向左

5 腳尖馬達回復,右腿馬達旋轉,回到步驟 1

不斷重複上述的步驟,機器人就會一直在原地左轉。

設計程式

請先啟動 Flag's Block 程式,然後如下操作:

1 請開啟 "讓機器人往前進" 的專案 Lab02.xml 來修改:

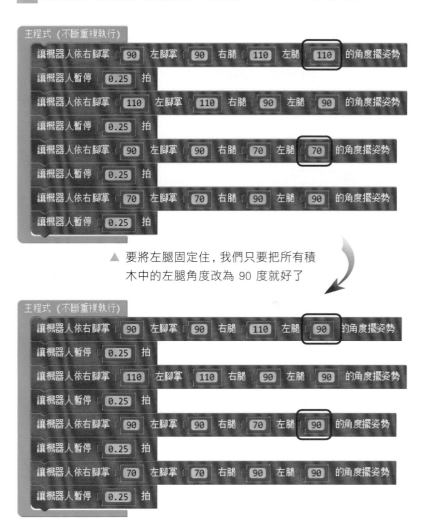

▲ 要將左腿固定住,我們只要把所有積木中的左腿角度改為 90 度就好了

2 完成後請按右上方的**儲存**鈕存檔為 Lab04.xml 檔。

實測

按右上方的 ▶ 鈕上傳成功後, 機器人就會開始不斷的原地左轉。

 為了方便觀察機器人的動作, 您可以先將傳輸線拔除, 等到後續要上傳程式的時候再接回傳輸線。

LAB 05　讓機器人右轉

實驗目的

學習控制機器人往右轉。

設計原理

右轉的原理和左轉一模一樣, 只是這次要固定的是右腿, 這樣前進的只有左腿, 機器人就會原地右轉。

設計程式

請先啟動 Flag's Block 程式, 然後如下操作:

1 這次也請開啟 "讓機器人往前進" 的專案 Lab02.xml 來修改:

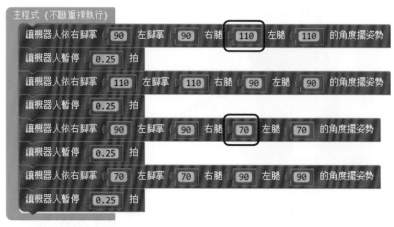

▲ 這次要固定的是右腿, 所有要把積木中的所有的右腿角度改為 90 度

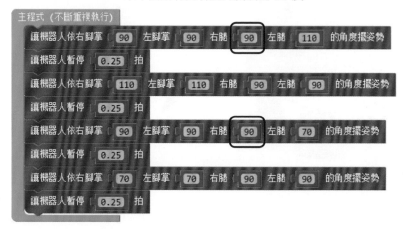

2 完成後請按右上方的**儲存**鈕存檔為 Lab05.xml 檔。

實測

按右上方的 ▶ 鈕上傳成功後, 機器人就會開始不斷的原地右轉。

05 讓機器人跳舞

以下我們利用流行天王麥可傑克森的經典舞步-月球漫步為例, 讓機器人舞動起來。

LAB 06 設計舞步：月球漫步滑向左

實驗目的

學會控制機器人跳出如同月球漫步般的舞步。

設計原理

經典的月球漫步舞步, 由於其流暢如波浪般的步伐讓不少人印象深刻, 要讓機器人做出這個效果, 就要讓機器人雙腳掌的馬達如同波浪般的移動, 因此我們可以將一連串的舞步分解成幾個姿勢, 讓機器人依序完成, 這樣一來機器人只要一個接一個的做出這些姿勢, 就彷彿是在做月球漫步一般。

以下是月球漫步的分解動作中的幾個主要姿勢：

上一章我們讓機器人做一些基本動作-前後左右, 而這一章就要開始進入重頭戲了, 我們將藉由比較複雜的動作讓機器人跳起舞來。

5-1 做出柔美的舞步

學走之前, 要先學會爬, 學跳舞前, 也要先學會走, 在學習讓機器人走路過後, 便能利用相同的邏輯來控制機器人跳出特定的舞步。

上面的步驟只是主要的幾個姿勢, 為了要讓機器人動起來流暢, 我們還需要更細微的動作, 因此程式中的姿勢會更多。

機器人的左邊　機器人的右邊

❶ 一開始先雙腳站直貼地

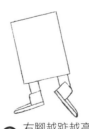

❷ 左右腳微微踮起, 機器人身體偏向左

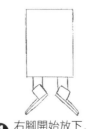

❸ 右腳越踮越高, 左腳收回來

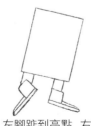

❹ 右腳開始放下, 左腳往反方向踮起

❺ 左腳踮到高點, 右腳收回來, 機器人身體偏向右

❻ 左腳開始放下, 右腳往反方向微踮

❼ 雙腳貼回地面, 回到步驟 1, 繼續循環

設計程式

請先啟動 Flag's Block 程式, 然後如下操作:

1 先加入 **SETUP 設定**積木, 並在其中加入啟用跳舞機器人的積木:

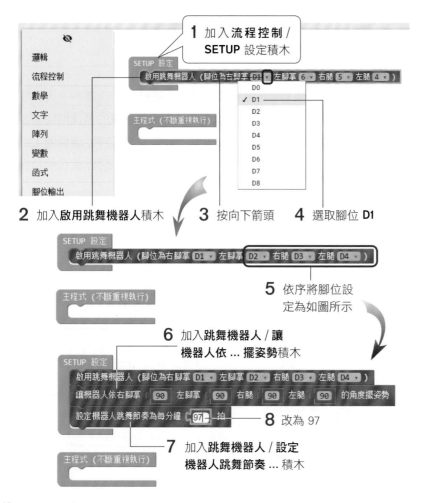

1 加入 **流程控制 /**
SETUP 設定積木

SETUP 設定
啟用跳舞機器人 (腳位為右腳掌 D1 ▼ 左腳掌 6 ▼ 右腿 5 ▼ 左腿 4 ▼)

主程式 (不斷重複執行)

D0
✓ D1
D2
D3
D4
D5
D6
D7
D8

2 加入 **啟用跳舞機器人**積木

3 按向下箭頭

4 選取腳位 **D1**

SETUP 設定
啟用跳舞機器人 (腳位為右腳掌 D1 ▼ 左腳掌 D2 ▼ 右腿 D3 ▼ 左腿 D4 ▼)

主程式 (不斷重複執行)

5 依序將腳位設定為如圖所示

6 加入跳舞機器人 / 讓
機器人依 ... 擺姿勢積木

SETUP 設定
啟用跳舞機器人 (腳位為右腳掌 D1 ▼ 左腳掌 D2 ▼ 右腿 D3 ▼ 左腿 D4 ▼)
讓機器人依右腳掌 90 左腳掌 90 右腿 90 左腿 90 的角度擺姿勢
設定機器人跳舞節奏為每分鐘 97 拍 ──── **8** 改為 97

主程式 (不斷重複執行)

7 加入跳舞機器人 / 設定
機器人跳舞節奏 ... 積木

---

2 目前已在 **SETUP 設定**積木中加入了啟用跳舞機器人積木, 並設定機器人每個馬達角度為 90 度。接著我們要在**主程式**積木中, 加入讓機器人月球漫步的積木:

1 加入**跳舞機器人 / 讓機器人**
依 ... 擺姿勢積木

SETUP 設定
啟用跳舞機器人 (腳位為右腳掌 D1 ▼ 左腳掌 D2 ▼ 右腿 D3 ▼ 左腿 D4 ▼)
讓機器人依右腳掌 90 左腳掌 90 右腿 90 左腿 90 的角度擺姿勢
設定機器人跳舞節奏為每分鐘 97 拍

2 改為 75 **3** 改為 127

主程式 (不斷重複執行)
讓機器人依右腳掌 75 左腳掌 127 右腿 90 左腿 90 的角度擺姿勢
讓機器人暫停 0.166 拍

4 加入跳舞機器人 / 讓
機器人暫停 1 拍積木

5 改為 0.166

SETUP 設定
啟用跳舞機器人 (腳位為右腳掌 D1 ▼ 左腳掌 D2 ▼ 右腿 D3 ▼ 左腿 D4 ▼)
讓機器人依右腳掌 90 左腳掌 90 右腿 90 左腿 90 的角度擺姿勢
設定機器人跳舞節奏為每分鐘 97 拍

6 對著這個積木按右鍵, 選擇**複製**,
此時會跑出一個一模一樣的積木

主程式 (不斷重複執行)
讓機器人依右腳掌 75 左腳掌 127 右腿 90 左腿 90 的角度擺姿勢
讓機器人暫停 0.166 拍
讓機器人依右腳掌 75 左腳掌 127 右腿 90 左腿 90 的角

複製
複製並覆蓋暫存區
附加至暫存區
清空暫存區
多行輸入
收合積木
停用積木
刪除 5 塊積木

7 將複製出來的
積木拉曳至此

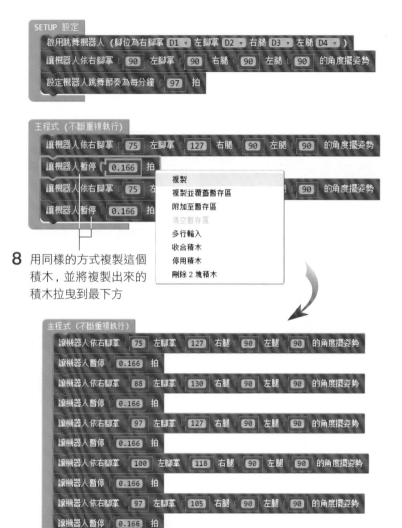

SETUP 設定

啟用跳舞機器人 (腳位為右腳掌 D1 ▾ 左腳掌 D2 ▾ 右腿 D3 ▾ 左腿 D4 ▾)

讓機器人依右腳掌 90 左腳掌 90 右腿 90 左腿 90 的角度擺姿勢

設定機器人跳舞節奏為每分鐘 97 拍

主程式 (不斷重複執行)

讓機器人依右腳掌 75 左腳掌 127 右腿 90 左腿 90 的角度擺姿勢

讓機器人暫停 0.166 拍

讓機器人依右腳掌 75 左腳掌 90 的角度擺姿勢

讓機器人暫停 0.166 拍

複製
複製並覆蓋暫存區
附加至暫存區
清空暫存區
多行輸入
收合積木
停用積木
刪除 2 塊積木

8 用同樣的方式複製這個積木,並將複製出來的積木拉曳到最下方

主程式 (不斷重複執行)

讓機器人依右腳掌 75 左腳掌 127 右腿 90 左腿 90 的角度擺姿勢

讓機器人暫停 0.166 拍

讓機器人依右腳掌 88 左腳掌 130 右腿 90 左腿 90 的角度擺姿勢

讓機器人暫停 0.166 拍

讓機器人依右腳掌 97 左腳掌 127 右腿 90 左腿 90 的角度擺姿勢

讓機器人暫停 0.166 拍

讓機器人依右腳掌 100 左腳掌 118 右腿 90 左腿 90 的角度擺姿勢

讓機器人暫停 0.166 拍

讓機器人依右腳掌 97 左腳掌 105 右腿 90 左腿 90 的角度擺姿勢

讓機器人暫停 0.166 拍

讓機器人依右腳掌 88 左腳掌 93 右腿 90 左腿 90 的角度擺姿勢

讓機器人暫停 0.166 拍

讓機器人依右腳掌 75 左腳掌 83 右腿 90 左腿 90 的角度擺姿勢

讓機器人暫停 0.166 拍

讓機器人依右腳掌 63 左腳掌 80 右腿 90 左腿 90 的角度擺姿勢

讓機器人暫停 0.166 拍

讓機器人依右腳掌 53 左腳掌 83 右腿 90 左腿 90 的角度擺姿勢

讓機器人暫停 0.166 拍

讓機器人依右腳掌 50 左腳掌 93 右腿 90 左腿 90 的角度擺姿勢

讓機器人暫停 0.166 拍

讓機器人依右腳掌 53 左腳掌 105 右腿 90 左腿 90 的角度擺姿勢

讓機器人暫停 0.166 拍

讓機器人依右腳掌 63 左腳掌 118 右腿 90 左腿 90 的角度擺姿勢

讓機器人暫停 0.166 拍

9 重複步驟 6~8, 直到有 12 組這樣的積木, 並將角度改為如圖所示

3 完成後請按右上方的**儲存**鈕將專案儲存為 Lab06.xml 檔。

實測

按右上方的 ▶ 鈕上傳成功後, 即可看到機器人在跳月球漫步。

 軟體補給站

真正的月球漫步

事實上還有方法讓機器人的動作更流暢, 那就是代入數學函數, 數學中剛好有一個函數如同波浪一樣, 符合我們的需求, 那就是 Sine 函數:

▲ Sine 函數

您可以開啟範例程式中的 **LAB 06B 滑順版月球漫步**, 參考程式如何設計。

LAB 07　組合豐富酷炫的舞步

實驗目的

　　學習組合不同舞步來創作出完整的一隻舞。

實驗原理

　　學了基本動作和舞步後, 終於可以開始編舞了, 我們也已經幫您將不少舞步製作成積木, 只要利用創造力, 就能從 **跳舞機器人** 積木區中的舞步積木來組合出自己想要的舞。

跳舞機器人 積木區中很多可以用的舞步積木

設計程式

1　一開始一樣要在 **SETUP** 設定積木中加入啟用跳舞機器人的積木, 並且設定每分鐘要幾拍：

每首歌的拍數都會不太一樣, 你可以到網路上搜尋該首歌的樂譜, 例如 " http://www.best-guitar-tabs.net/" 網站中提供的樂譜：

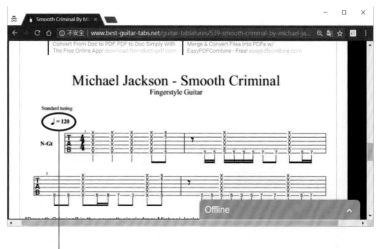

這個數字就是這首歌的拍數

2 設定完畢後, 就是發揮創意的時刻了, 您可以自由的組合舞步積木來拼湊出一首完整的歌, 如果您沒有想法也可以開啟範例程式中的 **LAB 07A Smooth Criminal** 或 **LAB 07B Single Ladies**

3 如果您是自行編舞的話, 記得按右上方的**儲存**鈕將專案儲存。

實測

按右上方的 ▶ 鈕上傳成功後, 機器人會開始跳起舞, 您就可以享受音樂與舞步交織出的優美場景。

Memo

06 使用手機遙控機器人

現在我們已經可以透過程式讓機器人行進或跳舞了, 不過每次更改動作都需要掀開上蓋、接上 USB 傳輸線燒錄程式實在很麻煩, 如果能夠善用 D1 Mini 控制板本身具備無線網路的能力, 透過手機遙控機器人, 那就太棒了。

6-1 使用瀏覽器控制機器人

在第 1 章簡介時我們提到過, D1 mini 控制板上的 ESP8266 單晶片本身具備 Wi-Fi 無線網路, 而大家人手一隻的智慧型手機也具備無線網路, 只要相互通訊, 就可以把手機當成遙控器了。在這一節中, 我們就要實作一個簡單的遙控範例, 讓手機可以下指令控制機器人跳出指定的舞步。

建立無線網路

D1 mini 可以當成無線熱點 (Access Point, 簡稱 AP) 運作, 也就是可以變成無線網路基地台, 建立專屬無線網路, 讓其他裝置透過這個無線網路相互通訊, 非常方便。

要透過程式建立這樣的無線網路, 只要使用 **ESP8266 無線網路/ 建立名稱...的無線網路**積木即可:

建立名稱: `" ESP8266 "` 密碼: `"  "` 頻道: 1 的 (☐ 隱藏) 無線網路

個別欄位的說明如下:

欄位	說明
名稱	無線網路的名稱 (SSID), 也就是使用者在挑選無線網路時看到的名稱
密碼	連接到此無線網路時所需輸入的密碼, 如果留空, 就是開放網路, 不需密碼即可連接
頻道	無線網路採用的無線電波頻道 (1~13), 如果發現通訊品質不好, 可以試看看選用其他編號的頻道
隱藏	如果希望這個網路只讓知道名稱的人連接, 不讓其他人看到, 請打勾

這個積木會回傳網路是否建立成功？實際使用時, 通常搭配**流程控制/持續等待**積木組合運用:

持續等待, 直到 建立名稱: `" ESP8266 "` 密碼: `"  "` 頻道: 1 的 (☐ 隱藏) 無線網路

持續等待積木會等待右側相接的積木運作回報成功才會往下一個積木執行, 以上例來說, 就是會重複嘗試, 一直到成功建立無線網路為止。這樣我們就可以確定在已經建立無線網路的情況下, 才會執行後續的積木。

要特別注意的是, D1 mini 控制板在自己建立的無線網路中, 它的網路位址固定為 **192.168.4.1**, 稍後我們執行的範例就會利用這個位址讓手機連接到 D1 mini 控制板。

建立網站

為了讓手機或是筆電等裝置都能遙控機器人, 我們採用最簡單的方式, 就是讓機器人變成網站, 接收其他裝置送來的指令, 這樣手機或筆電只要執行瀏覽器, 就可以控制機器人, 而不需要為個別裝置設計專屬的 App 或應用程式。

D1 mini 控制板也支援網站功能, 相關的積木都在 **ESP8266 無線網路**下, 首先要啟用網站:

> 使用 80 號連接埠啟動網站

連接埠編號就像是公司內的分機號碼一樣, 其中 80 號連接埠是網站預設使用的編號, 就像總機人員分機號碼通常是 0 一樣。如果更改編號, 稍後在瀏覽器鍵入網址時, 就必須在位址後面加上 ":編號", 例如編號改為 5555, 網址就要寫為 "192.168.4.1:5555", 若保留 80 不變, 網址就只要寫 "192.168.4.1"。

啟用網站後, 還要決定如何處理接收到的指令 (也稱為『請求 (Request)』), 這可以透過以下積木完成:

> 讓網站使用 接收指令 ▼ 函式處理 /dance 路徑的請求

路徑欄位就是指令的名稱, 可用 "/" 分隔名稱做成多階層架構。不同指令可有對應的專門處理方式。在瀏覽器的網址中指定路徑的方式就像這樣:

```
http://192.168.4.1/dance
```

尾端的 "/dance" 就是路徑。如果這個指令還需要額外的資訊, 可以透過參數來傳遞, 加入參數的方式如下:

```
http://192.168.4.1/dance?type=B
```

尾端從問號之後的就是參數, 由『參數名稱=參數內容』格式指定, 本節的範例就會使用名稱為 type 的參數來指定機器人的舞步, 參數內容為 "B" 時踮腳尖, 否則就停止舞步。如需要多個參數, 參數之間要用 "&" 串接, 例如:

```
http://192.168.4.1/dance?type=B&beats=2
```

上例中就有 type 和 beats 兩個參數。

對應路徑的處理工作則是交給前面的函式欄位來決定, 每一個路徑都必須先準備好對應的處理函式。要建立函式, 可使用**函式/定義函式**積木來完成:

函式就是一組積木的代稱, 只要將想執行的一組積木加入**定義函式**內, 再幫函式取好名稱, 就可以直接用該名稱來執行對應的那一組積木。如此一來, 就可以用具有意義或容易理解的名稱來代表一組積木, 讓程式更容易理解。

在處理網站指令的函式中，可以使用以下積木來取得參數：

這兩個積木可以告訴我們是否有指定名稱的參數？也可以取得指定名稱參數的內容。

執行指令後可以使用以下積木傳送資料回去給瀏覽器：

讓網站傳回狀態碼：`200` MIME 格式： `"text/plain"` 內容： `"OK"`

狀態碼預設為 200，表示指令執行成功。如果傳送的文字是純文字，**MIME 格式**欄位就要填入 "text/plain"；如果傳回的是 HTML 網頁內容，就要填入 "text/html"。實際要傳送回瀏覽器的資料就填入**內容**欄位內。

🌐 **軟體補給站**

有關可用的狀態碼、MIME 格式，或是設計網頁所使用的 HTML 語言等等，可參考相關文件或教學：

▲ HTTP 狀態碼
https://goo.gl/a94q5M

▲ HTML 教學
https://goo.gl/rquLec

為了簡化程式，啟用網站時預設就會處理 "/" 以及 "/setting" 兩個路徑的指令，直接傳回可自訂的 HTML 網頁內容。若要修改傳回的網頁內容，可在安裝 Flag's Block 的資料夾下找到 "www" 資料夾，以其中的 webpages_template.h 檔案為範本，用文字編輯器修改後另存新檔：

```
wwebpages_template.h 檔案內容
//---------------------這裡是主頁面 ("/")--------------------
String mainPage = u8R"(
  這裡可填入網頁內容
)";

//---------------------這裡是錯誤路徑頁面--------------------
String errorPage = u8R"(
  這裡可填入網頁內容
)";

//---------------------這裡是設定頁面 ("/setting")----------
String settingPage = u8R"(
  這裡可填入網頁內容
)";
```

其中錯誤路徑頁面代表當接收到的指令沒有對應的處理函式時，要傳回給瀏覽器的內容。修改好網頁內容檔後，只要執行『 ≡/上傳網頁資料』命令，指定剛剛修改好的網頁內容檔案，後續啟用網站的積木就會改為採用此檔的內容作為預設的網頁內容。

為了讓剛剛建立的網站運作，我們還需要在**主程式 (不斷重複執行)** 中加入**讓網站接收請求**積木，才會持續檢查是否有收到新的指令，並進行對應的處理工作。

LAB 08 建立機器人遙控網站

實驗目的

建立一個可接受遙控指令的網站, 讓手機或筆電等裝置可使用瀏覽器遙控機器人跳舞。

設計原理

本實驗會建立接收遙控指令的網站, 當使用者透過瀏覽器連上時, 會顯示簡單的控制頁面, 讓使用者遙控機器人跳舞:

▲ 主控制頁面 ("/") 為 HTML 網頁

▲ 指令執行後的回應 內容為純文字 "OK"

本實驗的主控制頁面可在 Flag's Block 安裝資料夾中的 www 資料夾下找到, 檔名為 webpages_test.h, 內容如下:

```
//----------------------這裡是主頁面--------------------
String mainPage = u8R"(
<!DOCTYPE html>
<html>
<head>
  <meta charset='UTF-8'>
  <meta name='viewport' content='width=device-width,
initial-scale=1.0'>
  <title>網站測試主頁</title>
</head>
<body'>
  <h1>請用 <a href='/dance?type=B'>跳舞</a> 或 <a
href='/dance?type=0'>停止</a> 控制機器人</h1>
</body>
</html>
)";
```

由於是 HTML 網頁, 因此可設定字體大小, 也含有可控制機器人的連結。

這個程式接受的指令路徑為 "/dance", 需提供名稱為 type 的參數, 若參數內容為 "B", 會讓機器人踮左腳尖, 否則就讓機器人停止跳舞。

執行指令後傳回的 "OK" 是純文字, 在瀏覽器上因為沒有額外的格式設定, 所以顯示時字體很小。

設計程式

請執行 Flag's Block 程式, 然後如下操作:

1 在 **SETUP** 設定積木中加入啟用跳舞機器人的積木:

1 加入**流程 /SETUP** 設定積木

2 加入**跳舞機器人 / 啟用跳舞機器人**積木

3 更改腳位為 D1、D2、D3、D4

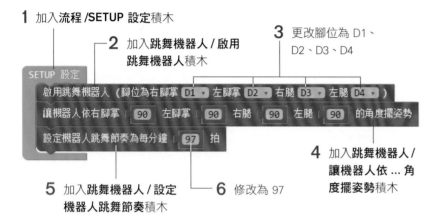

4 加入**跳舞機器人 / 讓機器人依 ... 角度擺姿勢**積木

5 加入**跳舞機器人 / 設定機器人跳舞節奏**積木

6 修改為 97

2 接著加入記錄舞步的變數:

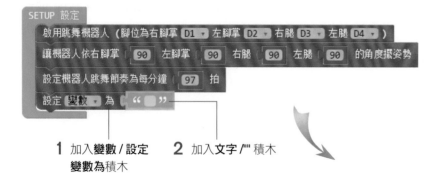

1 加入**變數 / 設定變數為**積木

2 加入**文字 /""** 積木

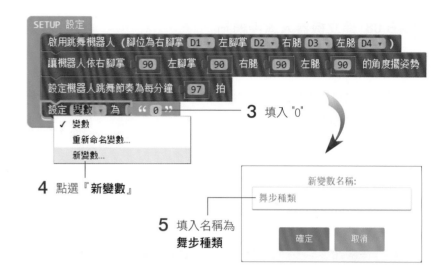

3 填入 "0"

4 點選『新變數』

5 填入名稱為**舞步種類**

變數就像是有名字的抽屜, 可在抽屜中放入要記錄下來的資料, 之後也可從指定名稱的抽屜中取出資料。這裡就建立了一個名稱為『舞步種類』的變數, 記錄目前要機器人跳的舞步代號, "B" 表示踮左腳尖, "0" 或是其他字母表示停止不跳舞。

3 建立無線網路:

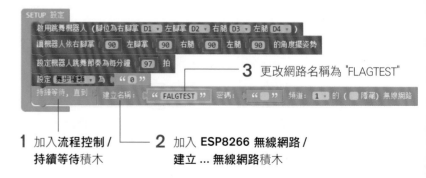

3 更改網路名稱為 "FLAGTEST"

1 加入**流程控制 / 持續等待**積木

2 加入 **ESP8266 無線網路 / 建立 ... 無線網路**積木

4 啟用網站

1 加入 **ESP8266 無線網路 / 使用連接埠啟動網站**積木

2 加入 **ESP8266 無線網路 / 讓網站使用 ... 函式處理 ... 路徑的請求**

3 將路徑改為 "/dance"

因為我們還沒有準備好處理指令的函式, 所以第一個欄位顯示『無可用函式』, 稍後設計好函式後, 就可以選取正確的函式了。

5 設計處理指令的函式:

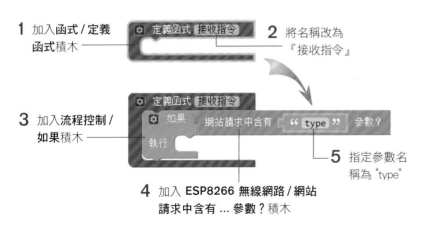

1 加入**函式 / 定義函式**積木

2 將名稱改為『接收指令』

3 加入**流程控制 / 如果**積木

4 加入 **ESP8266 無線網路 / 網站請求中含有 ... 參數?**積木

5 指定參數名稱為 "type"

如果積木可以幫我們依照判斷結果進行不同的工作, 這裡就是判斷收到的指令若包含有名稱為 "type" 的參數, 就會以參數內容來更換舞步:

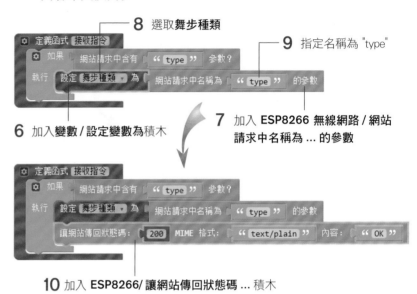

8 選取**舞步種類**

9 指定名稱為 "type"

6 加入**變數 / 設定變數為**積木

7 加入 **ESP8266 無線網路 / 網站請求中名稱為 ... 的參數**

10 加入 **ESP8266/ 讓網站傳回狀態碼 ...** 積木

6 設計好處理指令的函式後, 記得回頭選用:

SETUP 設定
啟用跳舞機器人 (腳位為右腳掌 D1 ▼ 左腳掌 D2 ▼ 右腿 D3 ▼ 左腿 D4 ▼)
讓機器人依右腳掌 90 左腳掌 90 右腿 90 左腿 90 的角度擺姿勢
設定機器人跳舞節奏為每分鐘 97 拍
設定 舞步種類 ▼ 為 " 0 "
持續等待, 直到 建立名稱: " FALGTEST " 密碼: " " 頻道: 1 ▼ 的 (■ 隱藏) 無線網路
使用 80 號連接埠啟動網站
讓網站使用 無可用函式 ▼ 函式處理 /dance 路徑的請求
　　接收指令

選取剛剛設計的『接收指令』函式

7 在主程式中接收指令並依據舞步種類動作：

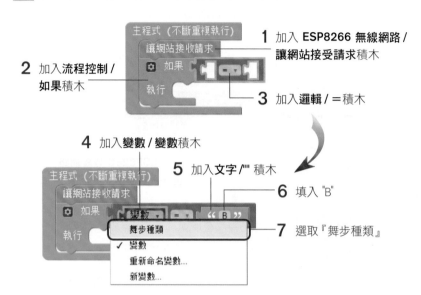

1 加入 **ESP8266 無線網路 / 讓網站接受請求**積木

2 加入**流程控制 / 如果**積木

3 加入**邏輯 / ＝**積木

4 加入**變數 / 變數**積木

5 加入**文字/""** 積木

6 填入 "B"

7 選取『舞步種類』

變數積木就是把記錄在抽屜中的資料取出來, 像是上例中就是把目前記錄的舞步種類取出。『 ＝ 』積木可以比對兩邊的內容是否相同？上例中就是比對看看目前記錄的舞步種類是否為 "B", 以便決定是否要踮左腳尖還是停止不動。

由於我們需要在舞步不是 "B" 的時候停止動作, 因此需要讓**如果**長出判斷條件不成立時的分支：

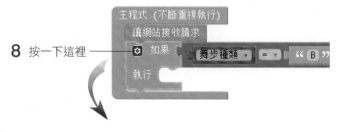

8 按一下這裡

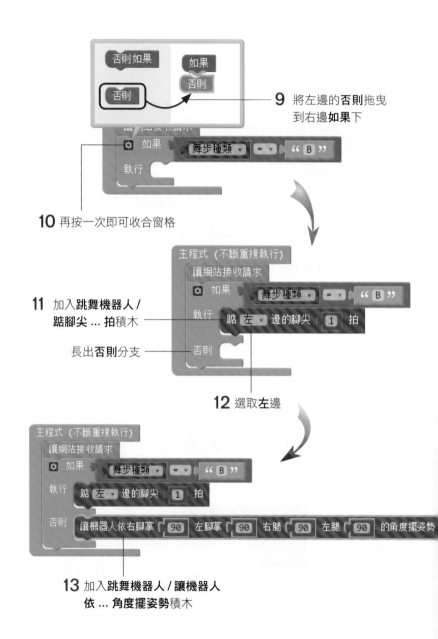

9 將左邊的**否則**拖曳到右邊**如果**下

10 再按一次即可收合窗格

11 加入**跳舞機器人 / 踮腳尖 ... 拍**積木

長出**否則**分支

12 選取**左**邊

13 加入**跳舞機器人 / 讓機器人依 ... 角度擺姿勢**積木

8 上傳主網頁內容：

1 按這裡開啟功能表

2 執行『**上傳網頁資料**』命令

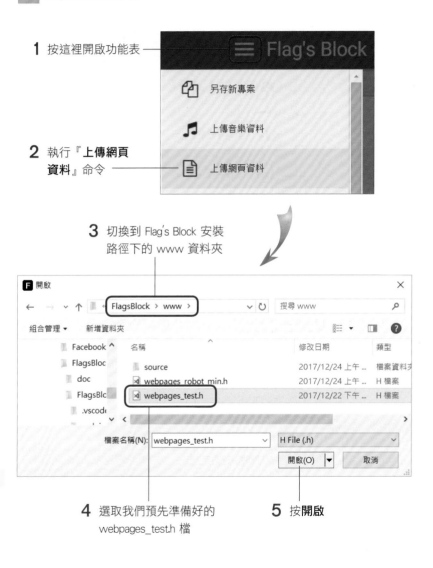

3 切換到 Flag's Block 安裝路徑下的 www 資料夾

4 選取我們預先準備好的 webpages_test.h 檔

5 按**開啟**

實測

請先開啟電池電源, 接上 USB 線按右上方**上傳**鈕上傳成功後, 拔除 USB 線, 機器人預設不會跳舞, 請拿出手機或是筆電, 嘗試連上程式中建立的 FLAGTEST 無線網路 (以下以 Android 手機為例)：

1 連上 FLAGTEST 無線網路

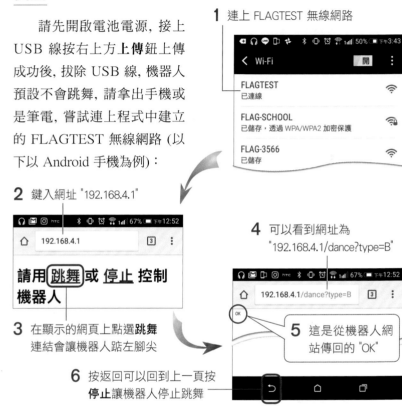

2 鍵入網址 "192.168.4.1"

3 在顯示的網頁上點選**跳舞**連結會讓機器人踮左腳尖

4 可以看到網址為 "192.168.4.1/dance?type=B"

5 這是從機器人網站傳回的 "OK"

6 按返回可以回到上一頁按**停止**讓機器人停止跳舞

 你也可以直接在瀏覽器的網址列直接輸入控制跳舞機器人的指令。

瞭解上述運作原理後, 你也可以幫程式加上額外的遙控動作, 例如參數 type 的內容為 C 時太空漫步等, 實際上您剛組裝完機器人時所使用的預設程式就是這樣運作的, 只是我們加上了比較豐富的控制網頁而已。

6-2 回復成出廠預錄的程式

做完了一連串的實驗後, 您可能會想把機器人回復成剛組裝完時所採用的程式, 利用豐富的介面幫機器人編舞, 這只要照著以下步驟就可以了。

LAB 09 上傳出廠預錄的程式

實驗目的

上傳出廠預錄的程式, 讓手機或筆電可用豐富的控制介面遙控機器人, 或是進入設定頁面調整馬達旋轉角度。

設計程式

1 開啟範例檔:

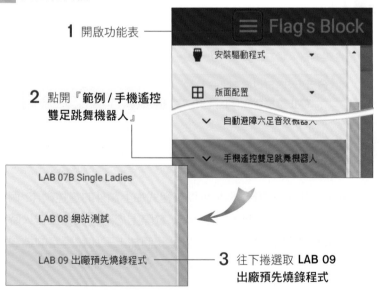

1 開啟功能表

2 點開『**範例 / 手機遙控雙足跳舞機器人**』

3 往下捲選取 **LAB 09 出廠預先燒錄程式**

2 上傳搭配的網頁檔:

1 開啟功能表

2 執行『**上傳網頁資料**』命令

3 切換到 Flag's Block 安裝路徑下的 www 資料夾

4 選取 webpages_robot_min.h 檔

5 按開啟

3 上傳程式後即可依照 2-2 節組裝完後的測試步驟遙控機器人了。